中等职业教育规划教材

中职生7S职业素养管理手册

Professional Accomplishment

罗 华 郑超文 主编
钟修仁 谭劲涛 主审

人民邮电出版社
北京

内 容 提 要

全书共分为 3 篇，详细阐述了 7S 管理在学校中实施的方法和规范。第一篇是日常生活习惯 7S 养成篇，主要讲解学生在学校生活中应该养成的生活规范，以及个人生活用品的放置规范；第二篇是日常活动行为 7S 养成篇，主要讲解学生在学校进行各种室内室外活动时要遵守的行为规范和使用各种物品的摆放原则；第三篇是日常学习习惯 7S 执行篇，主要讲解学生在校学习中要遵守的各项规定和纪律，以及在教室和实训场所要遵守的物品摆放规定等。本书语言简练，图文丰富，通过浅显易懂的故事和直观的图表展示，说明了 7S 管理的重要性，逐渐培养学生的职业素养，为学生们今后走向工作岗位打下坚实的基础。

本书既可作为中等职业学校学生职业素质培养的指导教材，又可作为培训学校的授课教材，同时也可作为从事学生管理工作的教师等人员的参考用书。

前言

Preface

中等职业教育是“以服务为宗旨，以就业为导向”的就业教育，中等职业学校培养的是生产、服务第一线的初中级技能人才。企业要求中等职业学校学生不仅要具有适应职业岗位需要的文化知识和专业技能，更要具备适应企业管理理念和制度的基本能力和素质。因此，在中职学校加大学生对企业管理理念、制度的培养和训练，可以及时有效地帮助学生转变观念、完善自身素质，使学生适应企业的岗位需求。7S 管理模式是现代企业管理模式的主流。在中职学校的学生管理中引进 7S 管理模式，既可以很好地解决学生在校的管理问题，又可以让学生较早地熟悉企业管理理念，为学生以后的顶岗实习和就业奠定坚实的基础。

本书以图文并茂的方式，将 7S 管理理念、管理方式、执行标准推行到学生日常生活、学习行为养成的过程中，让该理念潜移默化地渗透到学习生活的各个环节，目的就是要培养学生良好的生活习惯、有序的活动行为、严谨的职业态度，使之成为每位学生综合职业素养提升的通道，成为一张伴随每位学子终身的闪亮名片。本书特点如下。

前 Preface 言

（1）本书编写内容全面。书中将学生的学习和生活各个方面的行为规范都进行了说明，如将用到的物品的摆放方式都作了详细说明。

（2）本书编写形式生动。书中摒弃说教的形式，而是采用了图、表、照片等形式展示正确的做法，学生更容易接受和理解。

（3）本书编写体例新颖。书中不是生硬死板的章节体系，而是在篇的下面设计有趣的栏目展示知识，例如案例故事、温馨提示、深刻领悟、体验感悟小栏目，学生在温情话语中慢慢感悟知识。

本书由广西交通技师学院罗华、郑超文担任主编，钟修仁、谭劲涛担任主审，副主编梁勇负责编写第一篇，李姜春负责编写第二篇，谢毅松负责编写第三篇。其他参编人员还有梁源、毛华剑、赖昭民、骆任芳、杨霜、吴秋丽、唐艺支等。

由于编者水平有限，书中难免存在疏漏之处，敬请广大读者指正。

编　者

2016 年 5 月

目录

Contents

目录 Contents

第一篇

日常生活习惯 7S 养成篇

导读

7S 管理起源于日本，是整理（Seiri）、整顿（Seiton）、清扫（Seiso）、清洁（Seikeetsu）、安全（Safety）、节约（Save）、素养（Shitsuke）这 7 个英文单词的缩写。7S 管理旨在为学生创造一个干净、整洁、舒适、合理规范的学习场所和生活空间，使学校寝室的管理及文化建设提升到一个新层次，使学校培养出的学生能够更加适应工作的需要，其最终目的是提升学生的品质，凝聚团队精神，使学生养成良好的生活、工作及学习习惯。

案例故事

东汉时有一位少年名叫陈蕃，他自命不凡，一心只想干大事业。一天，其友薛勤来访，见他独居的院内龌龊不堪，便对他说：“孺子何不洒扫以待宾客？”他答道“大丈夫处世，当扫天下，安事一屋？”薛勤当即反问道：“一屋不扫，何以扫天下？”陈蕃无言以对。

陈蕃欲“扫天下”的胸怀固然不错，但错的是他没有意识到“扫天下”正是从“扫一屋”开始的，“扫天下”包含了“扫一屋”，而不“扫一屋”是断然不能实现“扫天下”的理想的。

老子云“合抱之木，生于毫末；九层之台，起于累土；千里之行，始于足下。”

荀况在《劝学篇》里说“故不积跬步，无以至千里；不积小流，无以成江海。”

列宁说“人要成就一件大事，就得从小事做起。”

以上这些至理名言，都充分体现了“扫天下”与“扫

一屋”的哲学关系，说明了任何大事都是由小事积累而成的道理。“莫以善小而不为”，“善”再小，也只有“积善”才能“成德”。

日常生活习惯，看似小事，实则关系到一个人一生的生活状态，有序整洁的生活习惯，是奠定事业成功的基石。

一、日常生活习惯 7S 之整理

日常生活习惯 7S 之整理就是将室内设施和物品摆放统一规范，将所有物品分为有必要留的、可要的和没有必要留的，有必要的留下来，没有必要的遗弃并添补可要的，以塑造整洁优美的生活场所。

整理的目的：改善和增加寝室生活区域；现场无杂物，行道通畅，塑造一个整洁优美的生活场所。表 1.1 中列出了学生宿舍区整理规范内容，对生活区域做了总结。

表 1.1 学生宿舍区整理规范

序号	相关区域		整理规范			
			必要	可要	不必要	处理方法
1	楼梯	灭火器	√			保留
		垃圾桶		√		保留
		垃圾			√	遗弃
2	走廊	文化标语		√		保留
		凉衣绳	√			保留
		垃圾			√	遗弃

续表

序号	相关区域		整理规范			
			必要	可要	不必要	处理方法
3	架床	被子	√			保留
		席子	√			保留
		枕头	√			保留
		蚊帐		√		保留
4	窗台	窗帘		√		保留
5	盥洗室	牙膏	√			保留
		牙刷	√			保留
		口杯	√			保留
		碗、筷	√			保留
		桶	√			保留
		脸盆	√			保留
		凉衣绳	√			保留
		洗衣粉	√			保留
		沐浴露	√			保留
		洗发水	√			保留
6	卫生间	热水器	√			保留
7	储物柜	行李箱	√			保留
		书本	√			保留
8	风扇		√			保留
9	空调		√			保留
10	每天用到的清扫工具		√			保留
11	个人每天的生活物品		√			保留

表1.2是学生食堂区域整理规范，列出了食堂中各种用具的处理方法，为营造干净整洁的食堂打下基础。

表1.2 学生食堂区域整理规范

序号	相关物件	整理规范			
		必要	可要	不必要	处理方法
1	碗、勺子、筷	√			保留
2	使用过的一次性筷子			√	遗弃
3	桌、椅	√			保留
4	清洁工具	√			保留
5	潲水车	√			保留
6	空调		√		保留
7	电视机		√		保留
8	充卡机器		√		保留
9	文化标语、菜单		√		保留
10	应急灯		√		保留

温馨提示

图1.1～图1.4是按照表1.1和表1.2要求整理的食堂、宿舍、储物柜和洗漱间，整理后的环境让人心情舒畅。

图 1.1　整理食堂规范

图 1.2　整理宿舍规范

图 1.3　整理储物柜规范

图 1.4 整理洗漱间规范

二、日常生活习惯 7S 之整顿

日常生活习惯 7S 之整顿就是每个人的生活用品放置规范，床上用品、盥洗用品、鞋子放置整齐有序；不常用物品不外露；清洁工具位置固定，让留下来的物品在宿舍内有序归位。

整顿的目的：生活场所整洁明了，一目了然，减少取放物品的时间，提高效率，保持井井有条的生活秩序。表 1.3 中列出了学生宿舍区整顿规范要求，明确了个人应该做的具体整顿要求，逐渐养成个人整顿物品制度。

表 1.3 学生宿舍区整顿规范

序号	相关区域		整顿规范	负责人
1	床位	被子	每天起床后将被子叠放整齐（要求为军训期间培训的豆腐块状），被子统一放置床尾，床铺平整，床头两侧和床铺无多余杂物。	个人

续表

<table>
<tr><th>序号</th><th colspan="2">相关区域</th><th>整顿规范</th><th>负责人</th></tr>
<tr><td rowspan="3">1</td><td rowspan="3">床位</td><td>枕头</td><td>每天起床后将枕头放置在床头。</td><td>个人</td></tr>
<tr><td>被单</td><td>每天起床后将床单平铺整齐无折痕。</td><td>个人</td></tr>
<tr><td>蚊帐</td><td>每天起床后统一将蚊帐靠墙收好。</td><td>个人</td></tr>
<tr><td rowspan="3">2</td><td rowspan="3">洗漱器具</td><td>牙膏
牙刷
口杯</td><td>每次洗漱完后将洗漱口杯里的牙刷、牙膏放在杯内与杯把成直线放在橱柜第一格内（必须是一个整体，成一条直线），每个杯子的杯把朝同一方向。</td><td>个人</td></tr>
<tr><td>洗衣粉
沐浴露
洗发水</td><td>1. 每次使用后将洗衣粉放在橱柜第二格内，按照从大到小的顺序，成一条直线靠左边放好。
2. 每次使用后将沐浴露、洗发水按照高矮次序统一靠右放好。</td><td>个人</td></tr>
<tr><td>水桶
脸盆</td><td>1. 水桶：每次使用后按高矮的次序从左到右摆放在盥洗室的壁橱下方。
2. 脸盆：每次使用后底对底放在桶上。</td><td>个人</td></tr>
<tr><td>3</td><td colspan="2">清扫工具</td><td>固定放置在宿舍门后，每天晚上使用后冲洗，确保清扫工具无污渍。</td><td>值日生</td></tr>
<tr><td>4</td><td colspan="2">衣物</td><td>1. 换洗衣物等放置在桶里，不准放置在床铺上，每天清洗换洗衣物1次。
2. 干净衣物叠放整齐，按使用频率分类放置在箱包内，每天叠放1次。</td><td>个人</td></tr>
<tr><td>5</td><td colspan="2">书本</td><td>每次使用后叠放整齐后，放在个人储物柜右边。</td><td>个人</td></tr>
</table>

续表

序号	相关区域	整顿规范	负责人
6	鞋子	每天分早、中、晚，按照使用频率摆放，常用的放上面，不常用的放下面。	个人
7	行李箱包	定期整理储物柜内的衣物，将现在用到的和近期要用到的衣物划分不同区域，摆放整齐。	个人
8	储物柜	储物柜左边放置行李箱包，右边分门别类放置书本、衣架等物品。每天晚上整顿 1 次。	个人

温馨提示

图 1.5 ～ 图 1.8 是按照要求整顿的示例，整顿后的宿舍，物品摆放有序，提高了大家取用物品的效率。

图 1.5　整顿洗漱器具规范

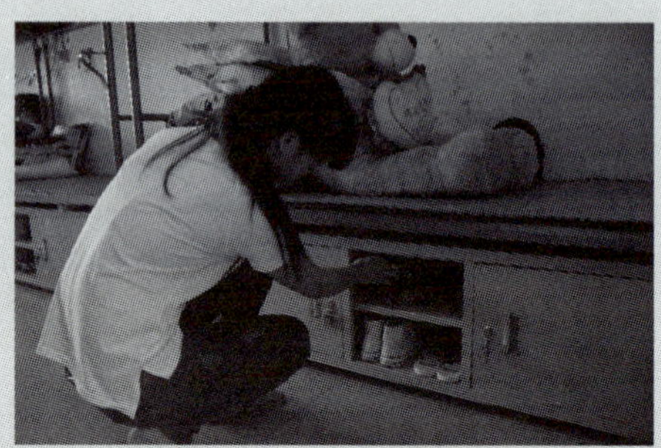

图 1.6　整顿鞋子规范

图 1.7　整顿衣物规范

图 1.8　整顿被子规范

表 1.4 是食堂区域整顿规范，表中列出了相关物件具体摆放位置和整顿时间，并且明确了责任人，为食堂有序整洁环境提供了保障。

表 1.4　　　　食堂区域整顿规范

序号	相关物件	整顿规范	整顿时间	责任人
1	碗、勺子、筷	就餐后的碗、筷主动放到指定位置。	就餐后	个人
		1. 每天定时清洗、消毒使用过的碗、筷、勺子 3 次。 2. 消毒后的碗、筷、勺子，每天按其大小顺序分类固定放置在橱窗内 3 次。	1. 每天分早、中、晚消毒 3 次。 2. 消毒后的碗、勺子、筷子，分早、中、晚 3 次摆放在橱窗内。	食堂工作人员
2	桌、椅	每张桌椅间隔距离 50cm，并排放在食堂大厅内，要求不得堵塞食堂通道，每天整顿 1 次。	每天分早、中、晚整顿 3 次。	食堂工作人员
3	剩饭、剩菜	每天 3 次，每次饭后将剩余的饭菜倒入潲水车内。	每次就餐后。	个人

三、日常生活习惯 7S 之清扫

日常生活习惯 7S 之清扫就是保持室内、走廊清洁，地面、墙面、门窗、橱柜清洁，无灰尘、无蛛网；个人寝具、衣物经常换洗，保持干净。

清扫的目的：使每位同学保持一个良好的生活状态，形成一个良好的宿舍氛围，从而保证每位同学的生活质量。表 1.5 列出了学生清扫宿舍区域的规范要求，明确了值日生和个人应该负责的清扫内容，清洁的环境需要大家一起努力创造。

表 1.5　　学生清扫宿舍区域规范

<table>
<tr><th>序号</th><th colspan="2">相关区域</th><th>清扫要求</th><th>责任人</th></tr>
<tr><td rowspan="6">1</td><td rowspan="6">公共区域</td><td>楼梯墙面</td><td>干净、无污渍</td><td>值日生</td></tr>
<tr><td>灭火器</td><td>干净、无尘</td><td>值日生</td></tr>
<tr><td>楼梯</td><td>干净、无垃圾果皮、烟头</td><td>值日生</td></tr>
<tr><td>走廊</td><td>干净、无垃圾果皮、烟头</td><td>值日生</td></tr>
<tr><td>走廊墙面</td><td>干净、无污渍</td><td>值日生</td></tr>
<tr><td>文化标语</td><td>干净、无污渍、无尘</td><td>值日生</td></tr>
<tr><td rowspan="8">2</td><td rowspan="8">宿舍生活区域</td><td>地板</td><td>地板干净，无积水、无纸屑、果皮、烟头和痰渍</td><td>值日生</td></tr>
<tr><td>厕所</td><td>干净、无污渍、无异味</td><td>值日生</td></tr>
<tr><td>壁橱</td><td>干净、无灰尘</td><td>值日生</td></tr>
<tr><td>窗台</td><td>干净、明亮、无灰尘</td><td>值日生</td></tr>
<tr><td>空调</td><td>干净、无灰尘</td><td>值日生</td></tr>
<tr><td>风扇</td><td>干净、无灰尘</td><td>值日生</td></tr>
<tr><td>天花板</td><td>无蜘蛛网</td><td>值日生</td></tr>
<tr><td>架床</td><td>保持床架下干净无垃圾</td><td>值日生</td></tr>
</table>

续表

序号	相关区域		清扫要求	责任人
3	个人物品	床单	整洁、无污渍、无异味	个人
		被子	整洁、无污渍、无异味	个人
		枕套	整洁、无污渍、无异味	个人
		衣物	整洁、无污渍、无异味	个人
		鞋子	整洁、无污渍、无异味	个人
		蚊帐	统一靠墙收好	个人
		储物柜	干净、无污渍	个人

温馨提示

图 1.9 和图 1.11 是清扫整洁的示例，图 1.10 和图 1.12 是未清扫的示例，对比之下，清扫后的生活环境，让人更加舒适，也达到了预防疾病的目的。

图 1.9　已清扫宿舍

图 1.10　未清扫宿舍

图 1.11　已清扫洗漱间

图 1.12　未清扫洗漱间

表 1.6 是食堂区域清扫规范，表中详细列出了区域、要求和责任人，因为食堂的卫生情况直接影响师生们的身体健康，所以清扫工作一定按照规范做到位。

表 1.6　　食堂区域清扫规范

序号	相关区域	清扫要求	责任人
1	食堂通道	干净、无垃圾果皮、烟头、无痰渍	食堂工作人员
2	空调	干净、无灰尘	食堂工作人员
3	电视机	干净、无灰尘	食堂工作人员
4	文化标语、菜单	干净、无灰尘	食堂工作人员
5	充卡机器	干净、无灰尘	食堂工作人员
6	应急灯	干净、无灰尘	食堂工作人员
7	桌、椅	干净、无剩饭菜、无汤渍	个人

四、日常生活习惯 7S 之清洁

日常生活习惯 7S 之清洁是为了营造安全、整洁、舒适有序的生活环境，要求各位同学认真履行每日职责，确保室内环境舒适，无垃圾、无臭味、无异味，保持宿舍的洁净。

清洁的目的：使整理、整顿和清扫工作成为一种惯例和制度，是标准化的基础，也是一个宿舍形成宿舍文化的开始。表 1.7 列出了值日生和个人清洁相关区域的具体要求和规范，每日的清洁工作，保证了大家的洁净生活环境。

表 1.7　　　　学生清洁宿舍区域规范

序号	相关区域			清洁规范	责任人
1	公共区域	楼梯	楼梯	每天分上、下午打扫上下楼梯 2 次，做到楼梯无垃圾、纸屑。	值日生
			楼梯墙面	每周负责擦拭楼梯墙面 1 次，保持楼梯墙面干净，无污渍。	值日生
		走廊	灭火器	1. 每周擦拭灭火器 1 次，做到灭火器表面干净无灰尘。 2. 检查灭火器是否完好无损，发现有损坏时，立即报后勤服务处维修。	值日生
			文化标语	每周清洁文化标语表面 1 次，要求表面干净无灰尘。	值日生
			走廊	每天分上、下午打扫 2 次走廊，做到走廊无果皮纸屑、无积水。	值日生
			走廊墙面	每周擦拭走廊墙面 1 次，保持楼梯墙面干净，无污渍 。	值日生
2	生活区域	地板		每天分上、下午打扫生活区域地板（含卫生间地板、盥洗室地板）2 次，每天拖地 1 次，地板干净，无积水、无纸屑、果皮、烟头和痰渍。	值日生
		天花板		每周打扫天花板 1 次，做到天花板上无蜘蛛网。	值日生
		空调		每周擦拭 1 次，做到空调表面无灰尘。	值日生
		风扇		每周擦拭 1 次，做到风扇里外无灰尘。	值日生
		窗台、门		门窗上干净、明亮，不得乱写乱画，保持干净。每周擦拭窗台玻璃及门各 1 次。	值日生
		壁橱		每周擦拭壁橱 1 次，保持壁橱无灰尘。	值日生
		厕所		每周用盐酸洗刷厕所 2 次，做到厕所干净无异味。	值日生

续表

序号	相关区域		清洁规范	责任人
3	个人物品	被子	每天按要求叠放到少2次；每月清洗1次，做到被子干净无异味。	个人
		被单	每天平铺整齐无折痕至少2次；每月清洗1次，做到被单干净无异味。	个人
		枕套	每月清洗1次，做到枕套干净无异味。	个人
		席子	每月清洗1次，做到席子干净无异味。	个人
		衣物及袜子	每天清洗换洗的衣物及袜子1次。	个人
		鞋子	每月清洗鞋子1次。	个人
		储物柜	每天整理储物柜1次；每月擦拭1次储物柜，做到储物柜干净无灰尘。	个人
		架床	每天对床上多余物品进行1次清除，每周擦拭架床1次，做到架床干净无锈。	个人

温馨提示

图1.13～图1.16展示了同学在清洁生活区域，按照时间要求进行生活区域的清洁，可以有效预防蚊虫的滋生，也减少传染病的发病率，是同学们健康生活的保证。

图 1.13　清洁卫生间

图 1.14　清洁窗台

图 1.15　清洁宿舍地板

图 1.16　清洁楼梯

表 1.8 是食堂区域清洁规范，表中将食堂区域的清洁次数和责任人都明确列出。

表 1.8　　食堂区域清洁规范

序号	相关区域	清洁规范	责任人
1	食堂通道	每天清扫，拖地 3 次以上，做到地面无垃圾、痰渍、汤渍等。	食堂工作人员
2	空调	每周擦拭 1 次，做到干净无灰尘。	食堂工作人员
3	文明标语、菜单	每周擦拭 1 次，做到干净无灰尘。	食堂工作人员
4	充卡机器	每周擦拭 1 次，做到干净无灰尘。	食堂工作人员
5	门、窗	每周擦拭 2 次，做到干净无灰尘。	食堂工作人员
6	桌、椅	每天擦拭 3 次以上，做到桌、椅无汤渍、垃圾。	食堂工作人员

五、日常生活习惯7S之安全

日常生活习惯7S之安全就是寝室内各种设施维护良好，使用正常；安全用电；禁止玩明火；禁止携带、存放管制刀具；不追逐吵闹以防滑倒，建立起安全第一的生活环境。

安全的目的：保障同学的人身、财产安全，保证活动安全正常的进行，同时减少因安全事故而带来的经济损失。

校园是同学们学习、生活的主要场所，由于有些同学疏忽大意，不遵守安全规范，因此造成了一些安全事故，给自己、家人以及同学带来了损伤。认真学习、遵守日常生活习惯安全规范是保证学习生活顺利进行的根本。表1.9是学生日常生活习惯安全规范。

表1.9　　学生日常生活习惯安全规范

序号	项目		安全规范	紧急预案
1	人身安全	行走安全	1. 不在就寝时间后外出或在外夜不归宿。 2. 不在寝室爬窗和翻墙外出。 3. 上下楼梯时有序缓慢靠右行驶。 4. 不在寝室追逐、吵闹、奔跑以及做危险性动作，以防滑倒。	

续表

序号	项目		安全规范	紧急预案
1	人身安全	用电安全	1. 不随便启用消防器材，不使用电热快、电茶壶等之类的违禁电器。 2. 每天检查电源开关，确保宿舍无人时，所有电源处于关闭状态。 3. 不私拉电线。	发生火灾时： 1. 当发现宿舍楼内失火时，要立即报告值班老师或报警（火警：119）。 2. 迅速用湿毛巾堵住口鼻，防止吸入热烟和有毒气体，然后朝逆风方向快速离开火灾区域。 3. 为防止发生踩踏事情，在逃生过程中切勿紧张、乱跑，保持通道畅通。 发生食物中毒事件时： 4. 当出现食物中毒事件时，应立即报告值班老师，或拨打120急救电话。
		食宿安全	1. 不吃外面无证营业的垃圾食品。 2. 不随便打包食物进入宿舍区域。 3. 不在寝室吸烟、点蚊香和熄灯后点蜡烛，不在寝室焚烧垃圾、纸条。 4. 不私藏刀、棒等管制刀具。 5. 禁止在校园内抽烟。 6. 在宿舍内，不做危险动作，不拼铺就寝。 7. 各班安全员要定期检查宿舍是否还存在其他安全隐患，如宿舍门损坏等，存在安全隐患的班级，班主任或安全员要及时上报相关部门维修。	

续表

序号	项目	安全规范	紧急预案
2	财产安全	1. 要养成随手关门关窗的习惯，最后离开宿舍的同学，要做到人走门关；休息时，最后休息的同学要关闭宿舍门。 2. 增强防盗意识，妥善保管好自己的贵重物品，抽屉和柜子要上锁，存折、银行卡密码不随便泄露，发现失窃时，要及时报告。 3. 不带外人进入宿舍。 4. 出门时，身上存放少量现金，银行卡和身份证分开存放。 5. 上公交车时，不要拥挤，随身携带的背包等物品放置位置，不要离开自己的视线。	当财产安全受到威胁时： 1. 发现可疑人物进入宿舍区域，要及时报告值班老师或报警（电话：110）。 2. 当银行卡和身份证一并丢失时，要及时到银行挂失并报警。

温馨提示

图 1.17 ～图 1.20 是危险行为示例，这些行为为自己或者其他人带来了安全隐患，这些图示为大家敲响警钟。

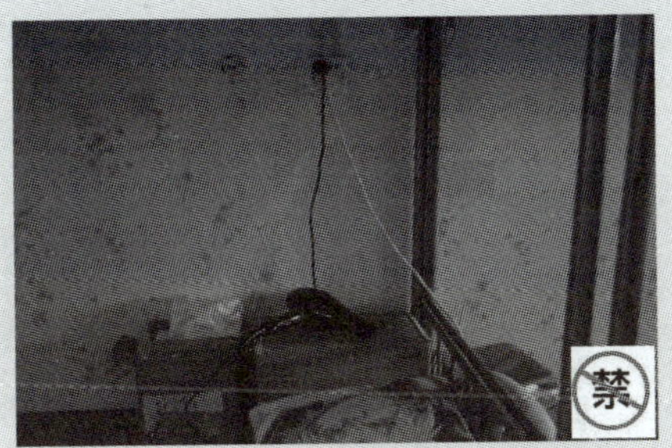

图 1.17　错误做法：使用违禁电器

图 1.18　错误做法：私拉电线

图 1.19　错误做法：在宿舍内点蜡烛

图 1.20 错误做法：在宿舍内做危险动作

六、日常生活习惯 7S 之节约

日常生活习惯 7S 之节约就是学生做到节约每一度电、每一滴水，珍惜粮食，生活节俭，杜绝浪费，养成勤俭节约的意识和习惯。

节约的目：对时间、空间和能源的合理利用，发挥其最大效能，从而创造一个高效能的生活场所，是对整理工作的补充和指导，在生活中秉持勤俭节约的原则。

勤俭节约是中华民族的传统美德，是中华民族世代相传的精神财富。在日常学习、生活中，节约应该贯穿于每一件事情中，表 1.10 日常生活习惯 7S 之节约规范。

表 1.10 日常生活习惯 7S 素养之节约规范

序号	项目	节约规范
1	能源	1. 要以主人翁的心态对待寝室的资源，洗漱时，考虑水资源的二次利用，使用过的水，可用来冲洗厕所等。

续表

序号	项目	节约规范
1	能源	2. 离开宿舍时，要做到人走灯关、拔掉电源开关。 3. 在需要时，再使用空调，空调处于打开状态时，尽量关闭宿舍通风口。
2	资源	1. 勿随意丢弃还能使用的劳动工具。 2. 勿使用一次性碗、筷、勺子就餐，减少资源的浪费。 3. 逛街时，尽量使用环保袋购物。 4. 上课或出行时，可自带饮水杯饮水。 5. 在饭堂就餐时，要谨记劳动人民的辛苦，节约粮食。 6. 主动将饭菜残渣倒入指定位置。
3	成本	1. 结合家庭经济情况，不买或少买用不到的衣物。 2. 处理旧衣物时，可选择捐给边远山区或捐给爱心社。 3. 处理废品时，考虑其利用价值，留下可充当替代物的废品，减少生活开销。

温馨提示

图 1.21 和图 1.23 所示为节约的示例，图 1.22 和图 1.24 是不提倡的行为示例，这里的展示提醒大家，在日常生活中节约从一点一滴做起。

图 1.21　自带碗筷就餐

图 1.22　使用一次性筷子和勺子

图 1.23　按需买饭，不剩饭

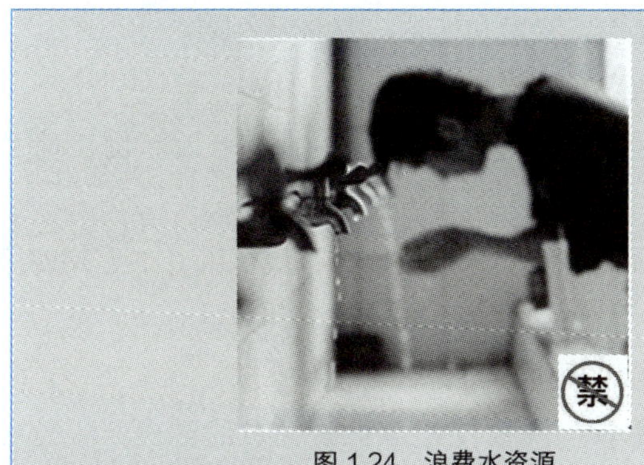

图 1.24 浪费水资源

七、日常生活习惯 7S 之素养

日常生活习惯 7S 之素养就是要遵守学校制度，按时起床、就寝，尊重他人，互助帮助，和谐相处，让规范和习惯来提升我们的素养。

素养的目的：通过素养让每位同学成为一个遵守规章制度，并具有一个良好生活素养习惯的人。

日常生活习惯素养规范

（1）所有同学要正确佩戴校牌，按交通行走规定有序文明进出宿舍楼。

（2）同学之间要和睦相处。

（3）不在公共场合嬉戏、大声喧哗、说脏话。

（4）不擅自调整寝室和床位，要对号入睡。

（5）不与他人拼铺就宿。

（6）在宿舍中不随意将水倒往窗外或者随意倒在地上，不随意扔垃圾。

（7）就寝后安静睡觉，不讲话、不玩手机、不听 MP3 等娱乐用具。

（8）遇到老师及同学，主动问好。

（9）尊重宿管老师和纪检部检查人员的管理，不辱骂、顶撞宿管部检查人员。

（10）参加活动时，要按照长者先的顺序有序进出活动现场，对领导、老师的到来，要表示鼓掌欢迎。

（11）不得穿拖鞋出入宿舍大门。

（12）男女生不染发，不烫发或留怪异发型。女生不得散发；男生发型前不遮眉，后不及领，侧不遮耳。

（13）不打耳眼、鼻钉，不文身。

（14）不穿奇装异服，女生不穿超短裤、超短裙、吊带、露脐装。

（15）在校园内，不乱扔垃圾。

（16）未经允许，不得在未规定时间内出入校门。

（17）食堂就餐时，自觉排队打饭、打菜，不插队，文明就餐。

（18）不故意损坏公共场所的设备设施。

温馨提示

图 1.25 ~ 图 1.27 展示了同学们朝气蓬勃的精神面貌和良好的个人素养，为今后走向社会奠定了良好的基础。

男生短发标准

前面　侧面

背面

女生短发标准

前面

侧面

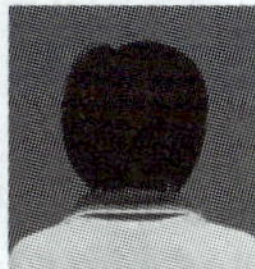

背面

女生长发标准

前面

侧面

背面

图 1.25　学生仪容仪表规范

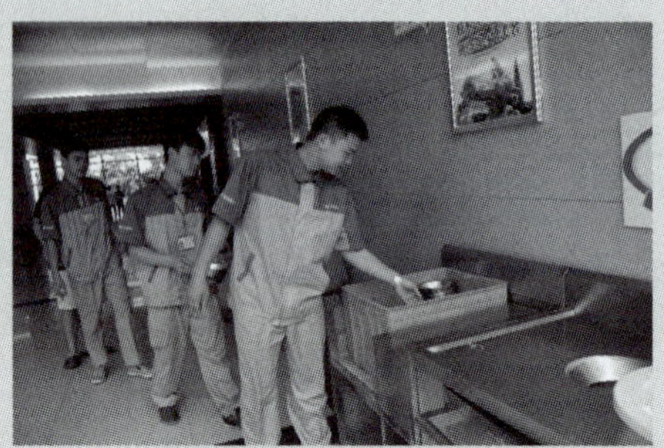

图 1.26　学生就餐规范——主动收拾餐具

图 1.27　学生穿着规范

深刻领悟

积跬步，至千里

有几只钟在一起聊天，一只老钟对一只小钟说："你一年里要摆 525600 下。"小钟吓坏了，说"哇，这么多，这怎么可能？我怎么能完成那么多下呢！这时候，另一只老钟笑着说：“不用怕，你只需一秒钟摆一下，每一秒坚持下来就可以了。”小钟高兴了，想着：一秒钟摆一下好像并不难啊，试试看吧。果然，小钟很轻松地就摆了一下。不知不觉一年过去了，小钟已经摆了 525600 下！

很简单的故事，却寓意着深刻的道理，当我们面对大困难的时候，往往望而却步，孰不知只要根据实际，分期制定小目标，一一完成就可以了，良好习惯的养成也是这个道理，它对每一个人都终身受用。

体验感悟

我的学习收获：

____

____

____

____

____

____

____

我的计划打算：

第二篇

日常活动行为 7S 养成篇

导读

在学生日常活动行为中倡导 7S 管理即整理（Seiri）、整顿（Seiton）、清扫（Seiso）、清洁（Seikeetsu）、安全（Safety）、节约（Save）、素养（Shitsuke），是为了创造并保持干净整洁、条例有序的校园环境，保证校园安全，同时培养学生从小事做起，从细节做起，养成认真、规范的行为习惯。

案例故事

很多年前，余世维在《管理思维》课中讲过一个案例，他说他有一个习惯，每次要离开酒店时，他都会把床铺整理一下，把摊在桌面上的东西整理好，尽量把房间恢复成进来时的样子。这样进来清扫的阿姨会对住过的客人刮目相看。也许客人和阿姨永远不会见面，让阿姨高看这一眼也并不会对客人有什么影响，但这就是教养，在看不见的地方更显宝贵。

曹植《卞太后诔》里云："祇畏神明，敬惟慎独。"

宋代彭乘《续墨客挥犀·陶谷使江南》诗中说到："熙载使歌姬秦蒻兰衣弊衣为驿卒女，谷见之而喜，遂犯慎独之戒。"

李劼人在《大波》第一部第一章中曰："在这种不开通、不文明的地方，身当人师的人，那敢不慎独？"

有一种教养是看得见的。因为慑于群体的压力，但凡有些自觉力的人，都能发现自己跟文明的差距。在干净的环境里你不好意思乱丢垃圾；在安静的博物馆你不敢高声喧哗；在有序的队伍中你不好意思插队；在清洁的房间里，你不会旁若无人的点燃香烟。所谓的教养，是真实存在于环境感染力中的。

难得的是看不见的教养。在乌合之众中谁能保持优雅和教养？在群体无意识中谁能保持清醒和判断？这不是作秀和异类，这恰恰是最能体现教养的可贵之处。更难得的是那些“慎独”的教养。有一种文化被称为“不给别人添麻烦”的文化。比如不小心把水洒在公共汽车座位上，即使下一站就要下车，也要想办法擦干净，这样下一位乘客就不会觉得麻烦。虽然没擦干净座位可能也不会被人批评，虽然大部分时候并没有机会跟下一位乘客认识，但是这种保有敬畏的态度恰是最能考验真假教养的地方。

我们的日常活动行为，看似小事，实则关系到一个人的品德，培养中职学生看得见的教养，进而转化为看不见的教养，能够为学生将来成为有德有志的高技能人才奠定良好的基础。

一、日常活动行为 7S 之整理

日常活动行为 7S 之整理就是将活动场所的相关物品摆放统一规范，将所有物品分为有必要保留的和没有必要保留的。有必要保留的物品留下来，没有必要保留的遗弃，塑造整洁优美的活动场所。

整理的目的：改善和美化活动区域；现场无杂物，学生活动方便安全，塑造一个整洁优美的活动场所。表 2.1 和表 2.2 中列出了学生活动场所整理规范内容，对室内外活动场所做了总结。

表 2.1　　学生室外活动场地整理规范

序号	相关区域		整理规范				
			必要	可要	不必要	处理方法	处理位置
1	室外球场	球架（球网、球台）	√			保留	放置在球场的固定位置
		防护网	√			保留	放置在球场的固定位置
		记分牌		√		保留	放置在球场的指定位置
		照明灯		√		保留	安置在球场的指定位置
		损坏器材			√	维修	放置在学校的指定维修位置
		垃圾			√	遗弃	倒入垃圾桶内
2	室外健身区	健身器材	√			保留	放置在健身区的固定位置
		防护设施	√			保留	放置在健身区的固定位置

续表

序号	相关区域		整理规范				
			必要	可要	不必要	处理方法	处理位置
2	室外健身区	照明灯		√		保留	安置在健身区的指定位置
		损坏器材			√	维修	放置在学校的指定维修位置
		垃圾			√	遗弃	倒入垃圾桶内

表 2.2　　学生室内活动场地整理规范

序号	相关区域		整理规范				
			必要	可要	不必要	处理方法	处理位置
1	室内球馆	球架（球网、球台）	√			保留	放置在球场的固定位置
		防护网	√			保留	放置在球场的固定位置
		球类	√			保留	放置在球场的固定位置
		电风扇	√			保留	安置在球场的固定位置
		照明灯	√			保留	安置在球场的固定位置

续表

序号	相关区域		整理规范				
			必要	可要	不必要	处理方法	处理位置
1	室内球馆	门窗	√			保留	安置在球场的固定位置
		清洁工具	√			保留	放置在球场的固定位置
		记分牌		√		保留	放置在球场的指定位置
		储物柜		√		保留	放置在球场的指定位置
		移动桌椅		√		保留	放置在球场的指定位置
		卫生间		√		保留	安置在球场的指定位置
		损坏设备器材			√	维修	放置在学校的指定维修位置
		损坏桌椅			√	维修	放置在学校的指定维修位置
		垃圾			√	遗弃	倒入垃圾桶内
2	礼堂	观众席	√			保留	安置在礼堂的固定位置
		主持人台	√			保留	放置在礼堂的固定位置
		幕布	√			保留	放置在礼堂的固定位置

续表

序号	相关区域		整理规范				
			必要	可要	不必要	处理方法	处理位置
2	礼堂	背景	√			保留	放置在礼堂的固定位置
		灯光音响设备	√			保留	安置在礼堂的固定位置
		电风扇	√			保留	放置在礼堂的固定位置
		杂物室	√			保留	安置在礼堂的固定位置
		门窗	√			保留	安置在礼堂的固定位置
		清洁工具	√			保留	放置在礼堂的固定位置
		空调		√		保留	放置在礼堂的指定位置
		移动桌椅		√		保留	放置在礼堂的指定位置
		合唱阶梯		√		保留	放置在礼堂的指定位置
		卫生间		√		保留	安置在礼堂的指定位置
		损坏设备器材			√	维修	放置在学校的指定维修位置
		损坏桌椅			√	维修	放置在学校的指定维修位置
		垃圾			√	遗弃	倒入垃圾桶内

温馨提示

图2.1和图2.2是按照表2.1整理的室外球场和室外健身区，整理后的环境整洁优美。

图2.1　室外球场

图2.2　室外健身区

温馨提示

图 2.3 和图 2.4 是按照表 2.2 整理的室内球场和礼堂，整理后的环境整洁优美。

图 2.3　室内球场

图 2.4　礼堂

二、日常活动行为 7S 之整顿

日常活动行为 7S 之整顿就是相关活动场所用品放置规范，常用用品的放置需整齐有序，能迅速取出、立即使用；不常用物品不外露；清洁工具位置固定，让留下来的物品在活动场所内有序归位。

整顿的目的：使活动场所整洁，一目了然，减少取放物品的时间，提高效率，保持井井有条的生活秩序。表 2.3 和表 2.4 中列出了学生活动场所整顿规范要求，明确了个人应该做的具体整顿规范，使学生逐渐养成个人整顿物品的习惯。

表 2.3　　学生室外活动场地整顿规范

<table>
<tr><th>序号</th><th colspan="2">相关区域</th><th>整顿规范</th><th>负责人</th></tr>
<tr><td rowspan="4">1</td><td rowspan="4">室外球场</td><td>球架（球网、球台）</td><td rowspan="2">放置在固定位置，加强管理，每个月检修一次，不允许人为的损坏，如有损坏，应及时维修或更换。不能随意移动，如活动需要移动，活动结束后必须及时移回原位。</td><td rowspan="2">活动使用人
维修专人</td></tr>
<tr><td>防护网</td></tr>
<tr><td>记分牌</td><td>放置在指定位置，加强管理，每个月检修一次，不允许人为的损坏，如有损坏，应及时更换。不能随意移动，如活动需要移动，活动结束后必须及时移回原位。</td><td>活动使用人</td></tr>
<tr><td>照明灯</td><td>安置在固定位置，加强管理，每个月检修一次，不允许人为的损坏，如有损坏，应及时维修或更换。</td><td>维修专人</td></tr>
</table>

续表

<table>
<tr><th>序号</th><th colspan="2">相关区域</th><th>整顿规范</th><th>负责人</th></tr>
<tr><td rowspan="3">2</td><td rowspan="3">室外健身区</td><td>健身器材</td><td rowspan="2">放置在固定位置，加强管理，每个月检修一次，不允许人为的损坏，如有损坏，应及时维修或更换。不能随意移动，如活动需要移动，活动结束后必须及时移回原位。</td><td rowspan="2">活动使用人</td></tr>
<tr><td>防护设施</td></tr>
<tr><td>照明灯</td><td>安置在固定位置，加强管理，每个月检修一次，不允许人为的损坏，如有损坏，应及时维修或更换。</td><td>活动使用人</td></tr>
</table>

温馨提示

图 2.5 ~ 图 2.10 是按照表 2.3 要求整顿的示例，整顿后的室外活动场所，物品摆放有序，提高了大家取用物品的效率。

图 2.5　室外篮球架

图 2.6　防护网

图 2.7　记分牌

图 2.8　照明灯

图 2.9　健身器材

图 2.10　健身器材防护垫

表 2.4　　学生室内活动场所整顿规范

序号	相关区域		整顿规范	负责人
1	室内球场	球架（球网、球台）	放置在固定位置，加强管理，每个月检修一次，不允许人为的损坏，如有损坏，应及时维修或更换。不能随意移动，如活动需要移动，活动结束后必须及时移回原位。	活动使用人 球馆管理员
		防护网		

续表

序号	相关区域		整顿规范	负责人
1	室内球场	球类	正常使用，无人为损坏，按不同的球类分别摆放，每次使用后需放回原位。	活动使用人
		储物柜	摆放整齐，干净整洁，不存放与训练无关的个人用品，每日及时清空，不允许随意粘贴标签。	活动使用人
		记分牌	放置在指定位置，加强管理，每个月检修一次，不允许人为的损坏，如有损坏，应及时更换。不能随意移动，如活动需要移动，活动结束后必须及时移回原位。	活动使用人 球馆管理员
		移动桌椅		
		照明灯	安置在固定位置，加强管理，每个月检修一次，不允许人为的损坏，如有损坏，应及时维修或更换。	球馆管理员
		电风扇		
		门窗		
		清洁工具	平时摆放在指定位置，使用后分类整顿，放归原位。	球馆管理员
		卫生间	清洁工具和垃圾篓摆放在指定位置，加强管理，每周检修一次照明灯、水龙头和门窗等设施设备，如有损坏，应及时维修或更换。	球馆管理员
		地面	加强管理，不允许穿着硬底鞋入内，涂抹乱画，保持干净整洁。	活动使用人

续表

<table>
<tr><th>序号</th><th colspan="2">相关区域</th><th>整顿规范</th><th>负责人</th></tr>
<tr><td rowspan="13">2</td><td rowspan="13">礼堂</td><td>观众席</td><td rowspan="3">安置在固定位置，加强管理，每个月检修一次，不允许人为的损坏，如有损坏，应及时维修或更换。不能随意移动，如活动需要移动，活动结束后必须及时移回原位。</td><td rowspan="3">活动使用人</td></tr>
<tr><td>幕布</td></tr>
<tr><td>空调</td></tr>
<tr><td>灯光音响设备</td><td>安置在固定位置，加强管理，每个月检修一次，不允许人为的损坏，如有损坏，应及时维修或更换。</td><td>专业维修人员</td></tr>
<tr><td>杂物室</td><td>将杂物按照种类摆放在指定位置，使用后分类整顿，放回原位。</td><td>活动使用人</td></tr>
<tr><td>电风扇</td><td rowspan="2">安置在固定位置，加强管理，每个月检修一次，不允许人为的损坏，如有损坏，应及时维修或更换。</td><td rowspan="2">礼堂管理员</td></tr>
<tr><td>门窗</td></tr>
<tr><td>清洁工具</td><td>平时摆放在指定位置，使用后分类整顿，放归原位。</td><td>礼堂管理员</td></tr>
<tr><td>主持人台</td><td rowspan="3">放置在指定位置，加强管理，每个月检修一次，不允许人为的损坏，如有损坏，应及时更换。不能随意移动，如活动需要移动，活动结束后必须及时移回原位。</td><td rowspan="3">活动使用人</td></tr>
<tr><td>移动桌椅</td></tr>
<tr><td>合唱阶梯</td></tr>
<tr><td>卫生间</td><td>清洁工具和垃圾篓摆放在指定位置，加强管理，每周检修一次照明灯、水龙头和门窗等设施设备，如有损坏，应及时维修或更换。</td><td>礼堂管理员</td></tr>
<tr><td>地面</td><td>加强管理，不允许涂抹乱画，保持干净整洁。</td><td>活动使用人</td></tr>
</table>

温馨提示

图 2.11 ～ 图 2.17 是按照表 2.4 要求整顿的示例，整顿后的室内活动场所，物品摆放有序，提高了大家取用物品的效率。

图 2.11　整顿球类

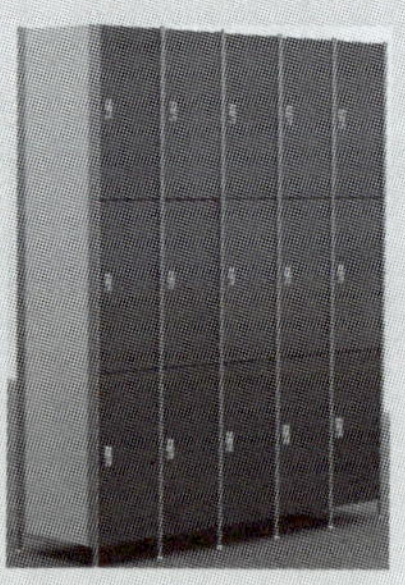

图 2.12　整顿储物柜

图 2.13　整顿清洁工具

图 2.14 整顿舞台背景

图 2.15 整顿礼堂座椅

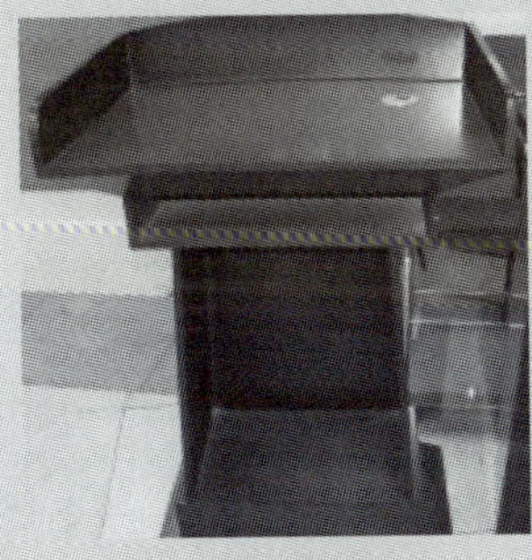

图 2.16 整顿主持人台

图 2.17 整顿礼堂后台

三、日常活动行为 7S 之清扫

学生日常生活习惯 7S 素养之清扫就是保持室内、走廊清洁，地面、墙面、门窗、橱柜清洁，无灰尘、无蛛网；相关用品经常换洗，保持干净。

清扫的目的：使每位同学保持一个良好的活动状态，形成一个良好的活动氛围，从而保证每位同学的活动质量。表 2.5 和表 2.6 列出了学生清扫的规范要求，明确了值日生和个人应该负责的清扫内容，清洁的环境需要大家一起努力创造。

表 2.5　　学生室外活动场地清扫规范

序号	相关区域		清扫要求	责任人
1	室外球场	球架（球网、球台）	干净、无污渍、无粘贴、无悬挂	活动使用者
		防护网	干净、无污渍、无悬挂	
		记分牌	干净、无污渍、无粘贴、无悬挂	
		照明灯	干净、无污渍、无粘贴、无悬挂	
		地面	干净、无积水、无垃圾、无尘	
2	健身区	健身器材	干净、无污渍、无粘贴、无悬挂	活动使用者
		防护设施	干净、无污渍、无粘贴、无悬挂	
		照明灯	干净、无污渍、无粘贴、无悬挂	

温馨提示

图2.18是未清扫的室外球场，图2.19是已清扫的室外球场，清扫后的室外球场干净整洁，保证了同学们的活动质量。

图2.18 未清扫的室外球场

图2.19 已清扫的室外球场

表 2.6　　　学生室内活动场所清扫规范

<table>
<tr><th>序号</th><th colspan="2">相关区域</th><th>清扫要求</th><th>责任人</th></tr>
<tr><td rowspan="11">1</td><td rowspan="11">室内球场</td><td>球架（球网、球台）</td><td>干净、无污渍、无积水、无粘贴、无悬挂</td><td>球馆管理员</td></tr>
<tr><td>防护网</td><td>干净、无污渍、无悬挂</td><td>球馆管理员</td></tr>
<tr><td>球类</td><td>干净、无污渍、无粘贴</td><td>活动使用人</td></tr>
<tr><td>储物柜</td><td>干净、无污渍、无粘贴</td><td>活动使用人、球馆管理员</td></tr>
<tr><td>记分牌</td><td>干净、无污渍、无粘贴、无悬挂</td><td>活动使用人、球馆管理员</td></tr>
<tr><td>移动桌椅</td><td>干净、无污渍、无积水、无粘贴、无悬挂</td><td>活动使用人、球馆管理员</td></tr>
<tr><td>照明灯</td><td>干净、无污渍、无粘贴、无悬挂</td><td>球馆管理员</td></tr>
<tr><td>电风扇</td><td>干净、无污渍、无粘贴、无悬挂</td><td>球馆管理员</td></tr>
<tr><td>门窗</td><td>干净、无污渍、无积水、无粘贴、无悬挂</td><td>球馆管理员</td></tr>
<tr><td>卫生间</td><td>干净整洁，无积水，清洁用具摆放整齐</td><td>球馆管理员</td></tr>
<tr><td>地面</td><td>干净、无积水、无垃圾、无尘</td><td>球馆管理员</td></tr>
<tr><td rowspan="3">2</td><td rowspan="3">礼堂</td><td>观众席</td><td>干净、无污渍、无积水、无粘贴、无悬挂</td><td>活动使用人</td></tr>
<tr><td>幕布</td><td>干净、无污渍、无悬挂</td><td>礼堂管理员</td></tr>
<tr><td>灯光音响设备</td><td>干净、无污渍、无粘贴、无悬挂</td><td>音响设备专员</td></tr>
</table>

续表

序号	相关区域		清扫要求	责任人
2	礼堂	空调	干净、无污渍、无粘贴、无悬挂	活动使用人、礼堂管理员
		杂物室	干净、无积水、无粘贴、物品摆放整齐	活动使用人、礼堂管理员
		电风扇	干净、无污渍、无粘贴、无悬挂	礼堂管理员
		门窗	干净、无污渍、无积水、无粘贴、无悬挂	礼堂管理员
		主持人台	干净整洁，无积水	礼堂管理员
		移动桌椅	干净、无积水、无尘	礼堂管理员
		合唱阶梯	干净、无污渍、无积水、无悬挂	活动使用人
		卫生间	干净、无污渍、无积水、无悬挂、清洁用具摆放整齐	礼堂管理员
		地面	干净、无积水	活动使用人、礼堂管理员

温馨提示

图 2.20 和图 2.22 是未清扫的示例，图 2.21 和图 2.23 是已清扫的示例，已清扫的室内场所干净整洁，为学生营造了更加良好的活动氛围。

图 2.20　未清扫的室内球场

图 2.21　已清扫的室内球场

图 2.22　未清扫的礼堂观众席

图 2.23　已清扫的礼堂观众席

四、日常活动行为 7S 之清洁

日常活动行为 7S 之清洁是为了营造整洁干净的活动场所，要求相关同学认真履行个人职责，确保活动场所环境舒适，无垃圾、无臭味、无异味，保持活动场所的洁净。

清洁的目的：使整理、整顿和清扫工作成为制度化和标准化，也是一个学校形成校园活动文化的开始。表 2.7 和表 2.8 列出了值日生和个人清洁相关区域的具体要求和规范，每日的清洁工作，保证了大家洁净生活环境。

表 2.7　　学生室外活动场地清洁规范

序号	相关区域		清洁规范	责任人
1	室外球场	球架（球网、球台）	每周擦拭清洁 2 次	管理员
		防护网	每周清洗 2 次	管理员

续表

<table>
<tr><th>序号</th><th colspan="2">相关区域</th><th>清洁规范</th><th>责任人</th></tr>
<tr><td rowspan="3">1</td><td rowspan="3">室外球场</td><td>记分牌</td><td>每次使用完毕擦拭干净</td><td>活动使用人</td></tr>
<tr><td>照明灯</td><td>每周擦拭清洁 2 次</td><td>管理员</td></tr>
<tr><td>地面</td><td>每天打扫 1 次，清扫垃圾和积水</td><td>活动使用人</td></tr>
<tr><td rowspan="3">2</td><td rowspan="3">健身区</td><td>健身器材</td><td>每周擦拭清洁 2 次</td><td rowspan="3">管理员</td></tr>
<tr><td>防护设施</td><td>每周擦拭清洁 2 次</td></tr>
<tr><td>照明灯</td><td>每周擦拭清洁 2 次</td></tr>
</table>

表 2.8　学生室内活动场所公有区域清洁规范

<table>
<tr><th>序号</th><th colspan="2">相关区域</th><th>清洁规范</th><th>责任人</th></tr>
<tr><td rowspan="5">1</td><td rowspan="5">室内球场</td><td>球架（球网、球台）</td><td rowspan="2">1. 每周擦拭 2 次，做到表面干净无灰尘。
2. 每次擦拭时检查是否完好无损，发现有损坏时，立即报专人维修。</td><td rowspan="2">球馆管理员</td></tr>
<tr><td>防护网</td></tr>
<tr><td>球类</td><td>每次使用完毕后擦拭，做到表面干净无污渍。</td><td>活动使用人</td></tr>
<tr><td>储物柜</td><td rowspan="2">1. 每周擦拭 2 次，做到表面干净无灰尘。
2. 每次擦拭时检查是否完好无损，发现有损坏时，立即报专人维修。</td><td rowspan="2">球馆管理员</td></tr>
<tr><td>记分牌</td></tr>
</table>

<table>
<tr><th>序号</th><th colspan="2">相关区域</th><th>清洁规范</th><th>责任人</th></tr>
<tr><td rowspan="6">1</td><td rowspan="6">室内球场</td><td>移动桌椅</td><td>每次使用完毕后擦拭，做到表面干净无污渍。</td><td>活动使用人</td></tr>
<tr><td>照明灯</td><td rowspan="3">1. 每周擦拭 2 次，做到表面干净无灰尘。
2. 每次擦拭时检查是否完好无损，发现有损坏时，立即报专人维修。</td><td rowspan="3">球馆管理员</td></tr>
<tr><td>电风扇</td></tr>
<tr><td>门窗</td></tr>
<tr><td>卫生间</td><td>每天清洁 1 次，保证干净整洁，无积水，清洁用具摆放整齐。</td><td>球馆管理员</td></tr>
<tr><td>地面</td><td>每天清洁 1 次，保证干净、无积水、无垃圾。</td><td>球馆管理员</td></tr>
<tr><td rowspan="6">2</td><td rowspan="6">礼堂</td><td>观众席</td><td>每次使用完毕后擦拭，做到表面干净无污渍、无灰尘。</td><td>活动使用人</td></tr>
<tr><td>幕布</td><td>每周擦拭 2 次，做到表面干净无灰尘，无粘贴。</td><td>礼堂管理员</td></tr>
<tr><td>灯光音响设备</td><td>每周擦拭 2 次，做到表面干净无灰尘，同时检查是否完好无损，发现有损坏时，立即维修。</td><td>音响设备专员</td></tr>
<tr><td>空调</td><td rowspan="3">1. 每周擦拭 2 次，做到表面干净无灰尘。
2. 每次擦拭时检查是否完好无损，发现有损坏时，立即报专人维修。</td><td rowspan="3">礼堂管理员</td></tr>
<tr><td>电风扇</td></tr>
<tr><td>门窗</td></tr>
</table>

序号	相关区域		清洁规范	责任人
2	礼堂	杂物室	每周清洁 1 次，保证干净整洁，无积水，相关物品摆放整齐。	礼堂管理员
		主持人台	每次使用完毕后擦拭，做到表面干净无污渍。	活动使用人
		移动桌椅		
		合唱阶梯		
		卫生间	每天清洁 1 次，保证干净整洁，无积水，清洁用具摆放整齐。	礼堂管理员
		地面	每天清洁 1 次，保证干净、无积水、无垃圾、无尘。	活动使用人、礼堂管理员

五、日常活动行为 7S 之安全

日常活动行为 7S 之安全就是活动场所的各种设施维护良好，使用正常；用电安全；禁止危险活动；禁止携带尖锐易伤身体的物品开展活动；严禁打闹，严禁爬越；营造安全舒适的活动场所。

安全的目的：保障同学的人身、财产安全，保证活动安全正常的进行，同时减少因安全事故而带来的身体伤害和经济损失。表 2.9 列出了学生出现安全隐患的处理方式，明确了学生应该注意的安全隐患及发生安全事故的处理方法，为学生开展活动提供安全保障。

表 2.9　　　学生活动场所安全隐患及处理方法

序号	相关区域	安全隐患		处理方式	责任人
1	室外活动场地	人身伤害	攀爬树木或高处的活动设施。	严禁，如有受伤及时到校医院由校医处理。	活动人
			打闹，爬越，坐、睡在窗台、走廊栏杆上。	严禁，如有受伤及时到校医院由校医处理。	
			学生身体有伤、病参加活动。	严禁，如有不适及时到校医院由校医处理。	
			不按规定穿着活动服装，携带尖锐易伤身体的物品。	更换运动服及运动鞋，尖锐易伤物品由管理人员暂时保管。	
			不服从教师或管理者的指挥，不站在安全区。	严禁，如有受伤及时到校医院由校医处理。	活动人、管理人员
			参加跳跃类（跳远、跳高等）、单、双杠类及技巧类的练习。	听从教师或管理者安排，并注意保护与帮助检查设备。	

续表

序号	相关区域	安全隐患		处理方式	责任人
1	室外活动场地	紧急事件	火灾	迅速撤离现场，管理人员疏散现场活动人员，如火势较小应及时用灭火器材扑灭火灾，如果火势较大，应封锁事故区域，实施警戒和警示，及时拨打火警电话119，静待消防人员处理。	活动人、管理人员
1	室外活动场地	紧急事件	地震	1. 正在进行活动时，应立即停止活动，稳定情绪，防止混乱拥挤，有组织有步骤地疏散，应尽量设法逃避险境，向更安全宽敞、有光亮的地方移动。 2. 被压埋时，要保存体力。如果震后不幸被废墟埋压，要尽量保持冷静，设法自救。无法脱险时，要保存体力，尽力寻找水和食物，创造生存条件，耐心等待救援。 3. 将手机和充足电的电池放在身边备用。	活动人、管理人员
1	室外活动场地	紧急事件	暴徒侵害	迅速撤离现场，管理人员疏散现场活动人员。寻求保安人员帮助，制止暴徒；如无法制止，封锁事故区域，实施警戒和警示，安抚学生留在安全区域，及时拨打报警电话110，静待防暴人员处理。	活动人、管理人员

续表

序号	相关区域	安全隐患		处理方式	责任人
1	室外活动场地	用电安全	擅自开启电源电闸、各种电器开关，擅自操作各种活动设备、擅自开动机器，搬移、拆卸活动场所内设施、用电设备、频繁启动机器。	严禁，活动场所用电设施出现问题时，必须以书面形式上报维修。如发生人身伤害或紧急事件按上述的方式处理。	活动人
2	室内活动场所	人身伤害	打闹，爬越，坐、睡在窗台、走廊栏杆上。	严禁，如有受伤及时到校医院由校医处理。	活动人
			学生身体有伤、病参加活动。	严禁，如有不适及时到校医院由校医处理。	活动人
			不按规定穿着活动服装，携带尖锐伤身体的物品。	更换运动服及运动鞋，尖锐物品由管理人员暂时保管。	活动人
			不服从教师或管理者的指挥，不站在安全区。	严禁，如有受伤及时到校医院由校医处理。	活动人

续表

序号	相关区域	安全隐患		处理方式	责任人
2	室内活动场所	紧急事件	火灾	1. 利用门窗逃生。把窗帘、桌布等用水淋湿裹住身体，用绳索（可用窗帘、桌布等撕成布条代替）一端系于门、窗、管道或其他牢靠的固定物体上，将另一端沿窗放至地面，其他人可沿绳滑下。 2. 利用空间逃生。室内空间较大而可燃物较少时将室内可燃物清除干净，同时清除相连室内可燃物，紧闭与燃烧区相通的门窗，防止烟和有毒气体进入，等待救援。 3. 利用时间差逃生。火势封闭通道时，人员应先疏散至离火势最远的房间内，争取时间，准备逃生器具，利用门窗，安全逃生。 4. 利用管道逃生。房间外墙壁上有落水管或供水管道时，有能力的人，可以利用管道逃生。 5. 自救、互救逃生。利用各楼层存放的消防器材扑救初起火灾。充分运用身边物品自救逃生（如桌布、窗帘等）。对老、弱、病残、孕妇、儿童及不熟悉环境的人要引导疏散，共同逃生。	活动人、管理人员

续表

序号	相关区域	安全隐患		处理方式	责任人
2	室内活动场所	紧急事件	地震	1. 正在进行活动，应立即停止活动，稳定情绪，防止混乱拥挤，有组织有步骤地向室外疏散。如果在一楼，那么你可以迅速跑到门外。如果是高楼，千万不要跳楼，应立即切断电闸，暂避到洗手间等跨度小的地方，或是桌子，床铺等下面，震后迅速撤离，以防强余震。 2. 被压埋要保存体力。如果震后不幸被废墟埋压，要尽量保持冷静，设法自救。无法脱险时，要保存体力，尽力寻找水和食物，创造生存条件，耐心等待救援。 3. 将手机和充足电的电池放在身边备用。	活动人、管理人员
			暴徒侵害	迅速撤离现场，管理人员疏散现场活动人员。寻求保安人员帮助，制止暴徒；如无法制止，封锁事故区域，	

续表

<table>
<tr><th>序号</th><th>相关区域</th><th colspan="2">安全隐患</th><th colspan="2">处理方式</th><th>责任人</th></tr>
<tr><td rowspan="3">2</td><td rowspan="3">室内活动场所</td><td>紧急事件</td><td>暴徒侵害</td><td colspan="2">实施警戒和警示，安抚学生留在安全区域，及时拨打报警电话 110，静待防暴人员处理。</td><td>活动人、管理人员</td></tr>
<tr><td colspan="2">用电安全</td><td>严禁使用未经检验许可使用的电器，严禁私自乱接、乱修、乱换用电设施。</td><td>活动场所用电设施出现问题时，必须以书面形式上报维修。</td><td>活动人</td></tr>
<tr><td>其他安全</td><td>活动结束后，门、窗未关未锁。</td><td colspan="2">离开前检查，关好门窗，上好锁。避免发生被盗或公物损坏等事故。</td><td>活动人</td></tr>
</table>

温馨提示

图 2.24 ~ 图 2.27 是危险行为示例，这些行为为自己或者其他人带来了安全隐患，图示为大家敲响警钟。

图 2.24　攀爬高处

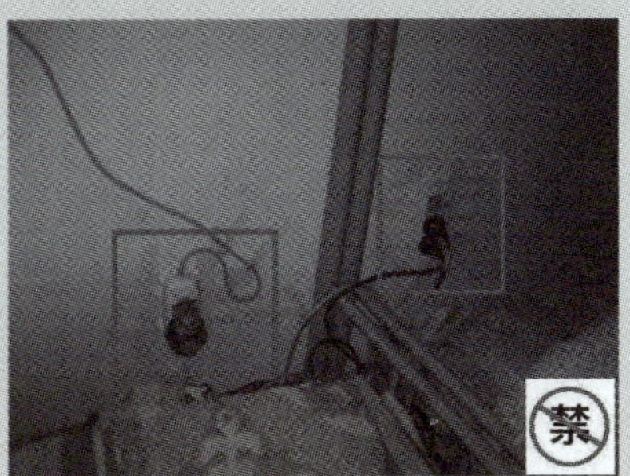

图 2.25　用电安全隐患

图 2.26　攀爬外墙

图 2.27　教学场所打闹

六、日常活动行为 7S 之节约

日常活动行为 7S 之节约就是学生应做到节约每一度电、每一滴水，爱护公物，勤俭节约，杜绝浪费，养成“学校是我家”的意识和习惯。

节约目的：培养学生以主人翁的心态对活动场所的资源和能源合理利用，保护环境，节约成本，发挥其最人效能，从而创造一个高效能的活动场所。表 2.10 列出了学生活动中的节约规范，让学生知道活动中应该注意的节约行为，养成良好的节约成本和保护环境的行为习惯。

表 2.10　　学生活动场所中节约规范

序号	具体项目	节约规范	责任人
1	节约能源	1. 离开活动场所前必须关闭日光灯、拔掉电器开关，关闭全部水电。 2. 活动场所减少使用手机频率。	活动人员

续表

序号	具体项目	节约规范	责任人
2	节约资源	1. 活动结束使用卫生间等节约用水、节约使用清洁用品。 2. 活动用品、清洁用具勿随意丢弃，丢弃前要思考其剩余的使用价值。	管理人员 活动人员
3	保护环境	1. 废弃电池丢入指定地点。 2. 开展活动时短途尽量选择步行或骑自行车等环保交通工具。	活动人员

温馨提示

图 2.28 和图 2.30 所示为错误做法示例，从中我们可以看到活动中出现的各种浪费现象，图 2.29 和图 2.31 是活动中的一些正确的节约资源的示例，在这里展示给大家，提醒我们在日常活动中的节约应从一点一滴做起。

图 2.28　浪费用水

图 2.29　资源回收循环利用

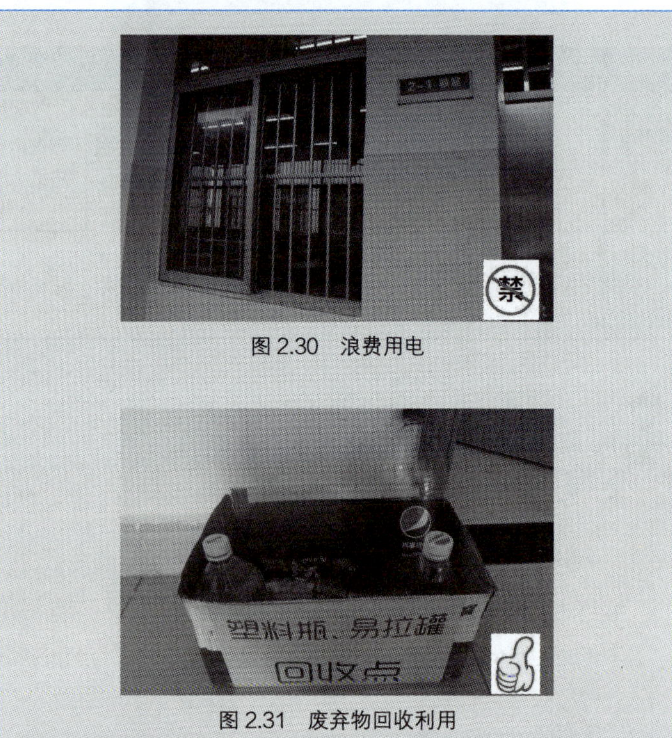

图 2.30　浪费用电

图 2.31　废弃物回收利用

七、日常活动行为 7S 之素养

学生日常活动行为 7S 之素养就是要遵照学校相关活动规定制度，相互尊重，关爱他人，女士优先，尊老爱幼，融洽相处，通过规范形成习惯，最终提升学生的素养。

素养的目的：通过素养让每位同学成为一个守规矩、懂礼貌、识礼节，具有良好行为习惯的人。表 2.11 列出了学生活动中的素养规范，让学生知道活动中应该注意的仪容、仪表、仪态和行为，最终形成良好的行为素养。

表 2.11　　　　学生活动场所中素养规范

序号	相关区域	具体项目	素养规范	责任人
1	室外活动场所	仪容	1. 男生一律短发，并做到“前不扫眉，旁不遮耳，后不擦领”，不准染发。 2. 女生要求理运动短发或扎马尾辫，不化妆，不允许披头散发、烫发、染发、留奇异发型。 3. 不允许佩戴耳环、项链和戒指等饰品。	
		仪表	在球场穿着运动鞋、运动服，不得穿背心和拖鞋。	
		仪态	1. 仪态文明，是要求仪态要显得有修养，讲礼貌，不应在异性和他人面前有粗野动作和行体。 ? 仪态自然，是要求仪态既要规则庄重，又要表现得大方实在。不要虚张声势，装腔作势。	
		行为	1. 不准带小刀、剪子、过多的钥匙，衣服口袋内不要装饭卡、钱和一些不必要的东西。	

续表

<table>
<tr><th>序号</th><th>相关区域</th><th>具体项目</th><th>素养规范</th><th>责任人</th></tr>
<tr><td>1</td><td>室外活动场所</td><td>行为</td><td>2. 学生要爱护活动器材，注意按操作规范合理使用，活动结束后要收集、检查、清点用品用具并将相关器材排列整齐，活动用品放置有序。
3. 不在午休、晚休时间开展活动。
4. 在日常活动中，应当尊重女生，礼让女生。尊敬老人，爱护儿童，避免冲撞或冲突。</td><td></td></tr>
<tr><td rowspan="3">2</td><td rowspan="3">室内活动场所</td><td>仪容</td><td>1. 男生一律短发，并做到“前不扫眉，旁不遮耳，后不擦领”，不准染发。
2. 女生要求理运动短发或扎马尾辫，不化妆，不允许披头散发、烫发、染发、留奇异发型。
3. 不允许佩戴耳环、项链和戒指等饰品。</td><td></td></tr>
<tr><td>仪表</td><td>在形体房穿着练功服或其他柔软适合的服装；在琴房、礼堂和教室必须衣着整齐，不得穿背心和拖鞋。</td><td></td></tr>
<tr><td>仪态</td><td>1. 仪态文明，是要求仪态要显得有修养，讲礼貌，不应在他人面前有粗野动作和行体。
2. 仪态自然，是要求仪态既要规则庄重，又要表现得大方实在。不要虚张声势，装腔作势。</td><td></td></tr>
</table>

续表

序号	相关区域	具体项目	素养规范	责任人
2	室内活动场所	行为	1. 学生要爱护活动器材，注意按操作规范合理使用，活动结束后要收集、检查、清点用品用具并将相关器材排列整齐，活动用品放置有序。 2. 尽可能保持肃静，不得起哄、吵闹，不做任何影响活动的举动。 3. 不在午休、晚休时间开展活动。 4. 在日常活动中，应当尊重女生，礼让女生。尊敬老人，爱护儿童，避免冲撞或冲突。	

温馨提示

图2.32是正确的行为示例。图2.33、图2.34和图2.35是错误行为的举例，这样的行为会影响正常的活动素养养成。

图 2.32　认真上课

图 2.33　扰乱课堂秩序

图 2.34　午休时间开展活动

图2.35　在教室内打闹

深刻领悟

佛会知道（慎独）

一个朋友到泰国旅行，在货摊上看见了十分可爱的小纪念品，他选中了三个后就开始询问价格，女摊贩回答是每个100铢，他还价60铢。说了半天，她就是不同意。最后她说："我每卖出100铢，老板才能给我10铢报酬。若60铢卖了，我就什么也赚不到了。"我这位朋友听了心生一计，说："这样吧，你以60铢卖给我一个，我额外给你20铢报酬，这样，比老板给你的还多，而我也少花些钱。双方都有好处。"他满以为她会立刻答应的，却见她摇摇头。他便补充上一句："你的老板不会知道的，别担心。"她看看我的朋友，坚决地摇摇头说："佛会知道的。"

很简单的故事，却寓意着深刻的道理。宋代学人陆九渊就明明白白地说过："慎独即不自欺。"宋人袁采也说，慎独即"处世当无愧于心"。这样，把慎独与诚实、不自欺欺人、无愧于心相联系，就达到了一种相当高的道德境界，它表明了人对遵守道德规范和法度要求的高度理性自觉。养成良好的行为习惯也是如此，更多的是需要我们慎独。

体验感悟

我的学习收获：

____

____

____

____

____

____

____

我的计划打算：

第三篇

日常学习习惯 7S 执行篇

导读

好的学习习惯是人一生享用不尽的宝贵财富，在学生日常学习中倡导 7S 管理即整理（Seiri）、整顿（Seiton）、清扫（Seiso）、清洁（Seikeetsu）、安全（Safety）、节约（Save）、素养（Shitsuke），培养学生独立自主学习、合理安排时间的学习习惯，逐渐体会企业岗位管理的制度，为今后走入工作岗位奠定基础。

案例故事

大家应该都熟悉美国的“福特公司”，福特是一个人，他大学毕业后，去一家汽车公司应聘。和他同时应聘的三四个人都比他学历高，当前面几个人面试之后，他觉得自己没有什么希望了。但既来之，则安之，他敲门走进了董事长的办公室，一进办公室，发现门口地上有一张纸，他弯腰捡了起来，发现是一张废纸，便顺手把它扔进了废纸篓里。然后才走到董事长的办公桌前，说：“我是来应聘的福特。”董事长说：“很好，很好！福特先生，你已被我们录用了。”福特惊讶地说：“董事长，我觉得前面几位都比我好，你怎么把我录用了呢？”董事长说：“福特先生，前面三位的确学历比你高，而且仪表堂堂，但是他们的眼睛只能看见大事，而看不见小事。你的眼睛能看见小事，我认为能看见小事的人，将来自然看到大事，一个只能看见大事的人，他会忽略很多小事，他是不会成功的。所以，我才录用了你。”福特就这样进了这个公司，这个公司不久就名扬天下，福特把这个公司改为“福特公司”，也改变了整个美国的国民经济状况，使美国的汽车产业在世界上独占鳌头，这就是今天“美国福特公司”的创始人福特。

大家说，这张废纸重要不重要？看见小事的人能看见大事，但只能看见大事的人，不一定能看见小事，这是很重要的经验教训。福特应聘成功这一事实也再次证明细节决定成败这一道理。

天下难事，必做于易；天下大事，必做于细。老子

勿以恶小而为之，勿以善小而不为——裴松之

一日一钱，千日千钱，绳锯木断，水滴石穿——班固

小事成就大事，细节成就完美——惠普创始人戴维·帕长德

日常学习习惯，看似小事，实则关系到一个人一生的工作状态，纪律严明的工作纪律，高效安全的工作习惯，奠定事业成功的基石。

一、日常学习习惯 7S 之整理

整理（Seiri）：区分要和不要的物品，现场不放置非必需品，将混乱的状态收拾成井然有序的状态。目的是将空间腾出来活用，引导学生脚踏实地地从身边的小事做起，在创造令人心旷神怡的学习、生活环境的过程中，培养学生细心、耐心的习惯、认真踏实的态度及遵循规则的意识。通过严格推行、让学生获得成就感，增强归属感，使学生的职业素养得到更大的提高。

（一）教室整理

区分教室内要与不要的物品，保留桌凳、教学器材、学习用品和卫生用具等必需品，及时清除禁用的、不用的、有碍整洁的物品。表 3.1 中列出了学生教室相关区域整理规范要求，将物品的保留与否给予了明确规定。

责任人：教室管理员、班干部、学生

表 3.1　　　　教室整理规范

活动区域	整理规范				
	必要	可要	不必要	处理方式	处理位置
讲台	√			留存	放置在教室最前面
常用教学用具与用品	√			留存	放置在讲台
每人一套课桌椅	√			留存	固定位置
扫把	√			留存	放置教室后端左侧

续表

活动区域	整理规范				
	必要	可要	不必要	处理方式	处理位置
垃圾铲	√			留存	放置教室后端左侧
垃圾桶	√			留存	放置教室后端左侧
擦布	√			留存	放置教室后端左侧
黑板	√			留存	固定位置
教室内多媒体设备设施	√			留存	固定位置
教室内照明设备设施	√			留存	固定位置
手机收纳袋	√			留存	固定位置
班级文化墙		√		留存	固定位置
荣誉奖状、制度张贴		√		留存	后墙
学习生活中的废弃物品及垃圾			√	遗弃	倒入垃圾桶内
未经许可的教室装饰物品			√	遗弃	交有关部门处理
其他多余的物品			√	移走	带离教室

备注：学校教室均为多媒体公共教室，无需安排卫生值日表，不允许携带与上课无关的物品，不产生任何垃圾，如临时产生由当事人负责迅速清理。

（二）实训场地整理

实训场地内保留桌凳、教学器材、实训设备、卫生用具等现场必需品。及时清除禁用、不用、有碍整洁等不必要的物品。表 3.2 中列出了学生实训场地相关区域整理规范要求，将物品的保留与否给予了明确规定。

责任人：工场间管理员、教研组长协助、课任教师、同学

表 3.2 实训场地的整理规范

活动区域	整理规范				
	必要	可要	不必要	处理方式	处理位置
设备设施（机器计算机）	√			留存	放置在固定位置
橱柜、货架与工具箱	√			留存	放置在固定位置
技术文件资料	√			留存	放置在固定位置
实训生产有关的物品材料	√			留存	放置在固定位置
工量具	√			留存	放置在工具箱内
工作时用清扫工具	√			留存	放置在工具箱内
书本、笔	√			留存	放置在讨论桌上
其他与实训生产无关物品			√	清除	移交设备管理
损坏或多余的设备和工量具			√	转移	移交设备管理员

续表

活动区域	整理规范				
	必要	可要	不必要	处理方式	处理位置
可回收废料储备箱	√			留存	放置在固定位置
卫生工具（扫把、拖把、水桶、擦布）	√			留存	放置在固定位置
过程中的废弃用品及拉圾			√	清除	倒入垃圾桶内
实训制度板	√			留存	放置在固定位置
实训操作规程板	√			留存	放置在固定位置
企业文化板		√		留存	放置在固定位置
职业礼仪板		√		留存	放置在固定位置
安全警示语板	√			留存	放置在固定位置
素养警示语板		√		留存	放置在固定位置

二、日常学习习惯 7S 之整顿

整顿（Seition）：需要的东西按规定定位，摆放整齐。使学生能最快找到要找的东西，将寻找必需品的时间缩短。即能迅速取出、立即使用，达到能节约时间的目的，提高学习效率。

（一）教室整顿

教室整顿如图 3.1 所示，教室内必要的物品按规范收拾整齐，在固定位置有序摆放。表 3.3 中列出了学生教室相关区域整顿规范要求，将物品的归放位置给予了明确位置。

责任人：班干部、值日生、学生

图 3.1　教室的整顿规范

表 3.3　　教室整顿要求

区域	整顿规范	图片示例
课桌椅	横竖成线，人离开座位时，椅子置于课桌下左右居中，靠椅紧贴课桌，课桌桌面和抽屉里不能放置其他物品。	

续表

区域	整顿规范	图片示例
		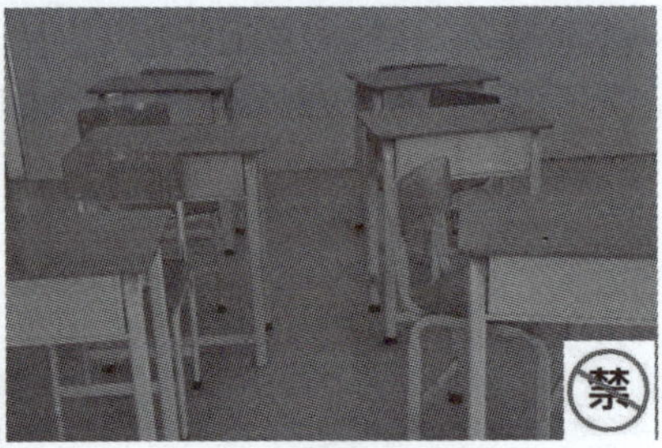
讲台和计算机操控台	讲台和计算机操控台等教学设备按学校统一要求放置，桌面上的键盘、鼠标、遥控器、白板笔等物品放置规定位置，摆放整齐、美观。	
教室墙壁布置	规划设计教室墙上栏目的位置与内容，摆放位置要求合理、醒目。张贴要整齐、美观，要营造能体现班级、专业特色的教室文化氛围。	

续表

区域	整顿规范	图片示例
卫生工具	所有卫生工具一律放在教室后右边，摆放整齐有规律。	
窗帘	离开教室时把窗帘拉到两边，摆放整齐美观。	

（二）实训场地整顿

实训场地的设备、工具箱、工量具、实习材料、实习工件、卫生用具等按规范要求收拾整齐，有序摆放在固定位置。场地内的摆放位置，必要时可以画线定位，并画出示意图。按示意图摆放工作区内所有设备物品，要求摆放整齐、有条不紊。对场所、物品标示，并做好登记工作。不同专业实训场地整顿如图 3.2 ～图 3.5 所示。表 3.4 中列出了学生教室相关区域整顿规范要求，将物品的归放位置给予了明确位置。

责任人：实训场地管理员、教研组长协助、课任教师、同学

图 3.2 汽车实训场地整顿

图 3.3 计算机实训场地整顿

图 3.4　电子钢琴实训场地整顿

图 3.5　拆装实训场地整顿

表 3.4　　　　　　　　实训场地整顿要求

项目	整理规范	图片示例
墙上制度、警示语	内容（言语、图片）要求实用、有针对性、设计要求美观、大方，安装位置要求合理、醒目。	
实习设备	放置在规定位置，干净整齐。	
工量具	清洁干净后整齐有序放置在工具箱内。	

续表

项目	整理规范	图片示例
		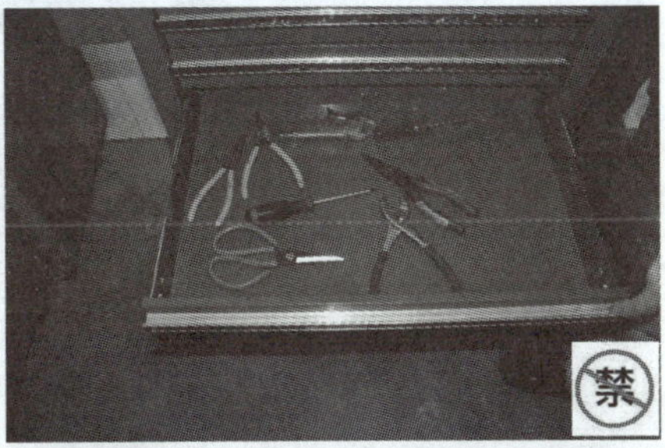 禁
卫生工具	所有卫生工具一律按标示位置摆放。	
		 禁

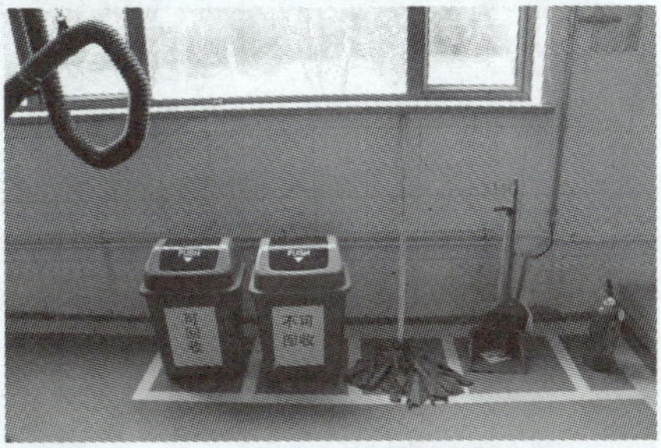

续表

项目	整理规范	图片示例
实训工件	分类，做好标识整齐摆放在货架上。	
消防器材	放置在醒目、方便取得的位置。	

三、日常学习习惯 7S 之清扫

清扫（Seiso）：清除学习现场内的脏污，并防止污染的发生。目的是保持现场干净明亮，将岗位保持在无垃圾、无灰尘、干净整洁的状态，创造清爽洁净的学习环境。

（一）教室清扫

学生应清除教室内的脏污，不断维持彻底清扫成效，防止污染的发生，创造一个清爽洁净的学习环境。表 3.5 中列出了学生清扫教室相关区域规范要求，明确了清扫标准。表 3.6 是前后对比要求，清爽洁净的学习环境需要同学们一起努力创造。

责任人：班干部、值日生、学生

表 3.5　　教室清扫规范

7S 活动区域	清扫标准
教室	1. 个人课桌干净整齐无杂物，放置整齐。 2. 内外墙面无污渍。 3. 教室（走廊）玻璃在安全的情况下擦拭干净。 4. 教室讲台、课桌椅、电风扇擦拭干净无尘。 5. 黑板下方托盘无粉尘和粉笔头。 6. 教室卫生工具及垃圾桶清除干净，表面无污渍。 7. 教室（走廊）及窗台无蜘蛛网，地面无污垢。

表 3.6 教室清扫前后对比

区域	清扫前	清扫后
课桌	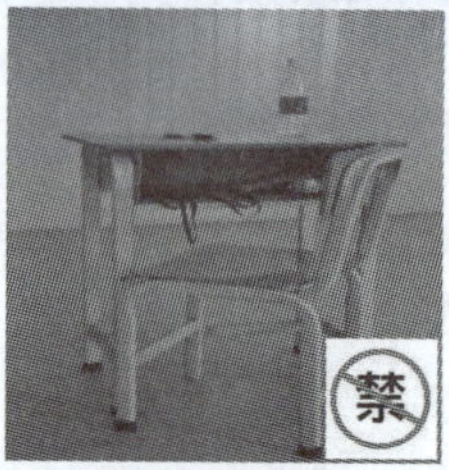 禁	
讲台	 禁	
教室地面（走廊及走道）	 禁	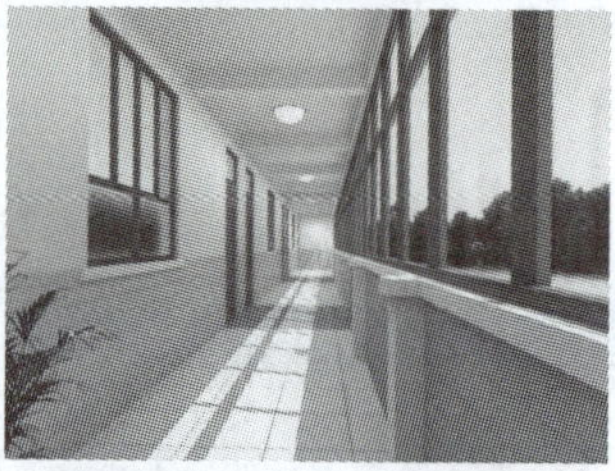
内外墙面	 禁	

续表

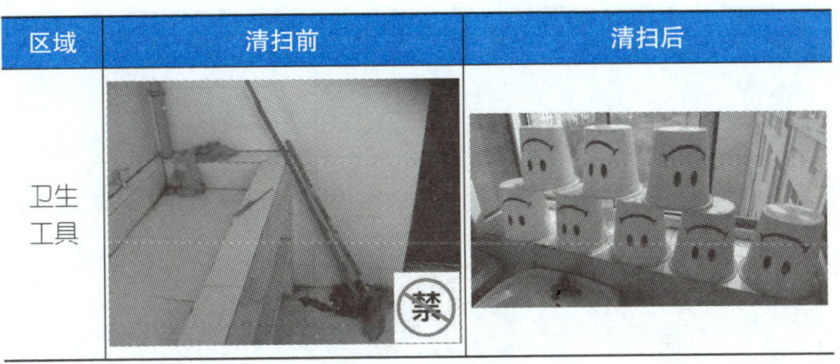

区域	清扫前	清扫后
卫生工具	禁	

（二）实训场地清扫

清扫实训场地内实训设备器材、工量具、工作台、地面等的灰尘、污垢，不留死角。保持室内卫生整洁，废物处理及时。对实训设备及一体化教室内相关设施的清扫时要对设备进行相关的点检，及时发现问题，解决问题，保护设备的完好率，要做好设备润滑、维护保养。表 3.7 中列出了学生清扫教室相关区域的规范要求，明确了清扫标准。

责任人：课任教师，同学

表 3.7　　实训场地清扫规范

7S 活动区域	清扫标准
实训场地	1. 实训设备干净整齐无杂物灰尘，放置整齐。 2. 工作台、工具箱表面干净无尘，内部物件清洁干净，摆放整齐。 3. 实训场地（走廊）及窗台无蜘蛛网，地面无污垢。

续表

7S 活动区域	清扫标准
实训场地	4. 实训场地（走廊）玻璃在安全的情况下擦拭干净。 5. 实训场地内外墙面无污渍。 6. 实训场地卫生工具及垃圾桶清除干净，表面无污渍。 7. 实训场地落地电风扇擦拭干净无尘。 8. 消防器材表面擦拭干净。 9. 实训实习残留物按环保要求处理。

实训场地内上课期间，课任教师配合把场地内所有区域（包括设备）卫生划分给学生（一般按工位划分区域），实习期间学生时时自行负责所在区域的卫生与物品的摆放，课任教师进行监督与检查，下课后课任教师与班级负责学生对工场间所有区域卫生和设备情况进行检查与清理。

四、日常学习习惯 7S 之清洁

清洁（Seiketsu）：将整理、整顿、清扫的工作制度化、规范化，维持其成果，是标准化的基础，目的是通过制度来维持以上 3S 成果。

（一）教室清洁

讲究个人卫生和公共卫生，注重环境净化和美化。全天候维持教室前 3S 效果，建立教室 7S 实施制度以及实施规范。班级根据学校的制度要求建立教室内物品专人负责保管制度；教室物品摆放的标准和检查、监督制度，卫生打扫、检查、保持的制度，值日制度和考核制度等维持整理整顿清扫效果。表 3.8 中列出了学生教室清洁的规范，课前课后的清洁工作，保证同学们拥有一个舒适的学习环境。

责任人：课任教师，同学

表 3.8　　教室清洁规范

活动区域	序号	清洁
教室	1	每天值日生在下课后对教室卫生进行打扫，保持室内和廊道卫生整洁，并定好责任人负责自我检查，发现卫生不清洁要及时清扫。
	2	讲台上物品、黑板上字迹每节课后及时进行清理，学生课桌内、外物品每节课后及时清理。
	3	教室内物品每天至少清理一次，教室内张贴物品每天要进行清理，并及时清理垃圾。
	4	课桌按照整顿要求“谁用谁清扫”，每次下课后进行清扫。
	5	定期安排大扫除，精细擦拭所有桌（椅）、门窗、黑板、橱柜等物品，精细清扫、拖洗地面；对墙壁保洁一次。

（二）实训场地清洁

建立相关制度，保证教学器材、实训设备等的清洁。表 3.9 中列出了学生实训场地清洁的规范，课前课后的清洁工作，保证同学们拥有一个舒适的学习环境。

责任人：教学系部、管理员、课任教师，同学

表 3.9　　实训场地清洁规范

活动区域	序号	清洁
实训场地	1	实训课前和后两次按照前 3S 要求对实训场地、设备仪器进行整理整顿清洁。并定好责任人负责自我检查，发现问题及时处理。
	2	实训课前和后对实训工量具进行清点数量，清洁按要求放置。
	3	定期安排大扫除，精细擦拭所有实训设备、门窗、工具箱、橱柜等物品，精细清扫、拖洗地面；对墙壁保洁一次。
	4	长期放置（1 周以上）的材料和设备等须加盖防尘设施 。
	5	物品做到分区域放置并进行明显的标识，各区域内摆放的物品必须与区域标牌匹配。

五、日常学习习惯 7S 之素养

素养（Shitsuke）：培养学生文明礼貌习惯，按规定做事，

养成良好的生活、学习和工作习惯。目的是提升人的品质。通过素养训练让（学生）员工成为一个遵守规章制度，并成为具有良好工作素养和职业行为习惯的人。

责任人：学院领导、班主任、课任教师、同学

（一）7S制度的学习

1．学生工作处应阶段性地组织班主任、学生干部学习7S管理的各项制度，处理管理过程中存在的问题，不断改进完善7S管理的方案，增强学生干部的责任心和团队意识，让学生养成按规定行事的良好学习、生活习惯。

2．班主任利用各种活动有效组织学生学习7S管理中的相应制度，让学生逐步提高素养、认识到在教室生活与学习的规范对日后参加工作的重要性。

3．同学应自觉学习7S管理有关知识，习惯改变命运。

（二）教室学生素养

1．仪容仪表要求：短发，穿着大方得体、整洁，必须配戴标志牌，不允许穿拖鞋、背心进入教室。如图3.6展示的高速公路服务专业学生的穿着规范。

2．课堂素养。

（1）上课铃声一响，学生应携带当堂课所需要的课本，笔记本和笔坐立在教室里，恭候教师上课，当老师宣布上课时，全班应迅速起立，向老师问好，待老师答礼后方可坐下，如图3.7所示。

图 3.6　高速公路服务专业学生穿着规范

图 3.7　上课前向老师问好

（2）在课堂上，学生应坐姿正立，如图3.8所示。要认真听老师讲解，注意力集中，独立思考，对重要内容应做好笔记。当老师提问时，应先举手，待老师点到你的名字时才可以站起来回答。发言时，身体要立正，态度要诚恳，声音要清晰洪亮，并且使用普通话。

图3.8 课堂正确的坐姿

（3）老师点名时，点到时要举手，并大声答到；有问题提问时应先举手，老师同意后再开始提问，如图3.9所示。

（4）学生应当准时到教室上课，若迟到后，不得从教室后面进入教室，应在前门报告，得到老师允许后，方可进入教室。

图 3.9　举手回答问题

（5）上课前应自觉将手机，MP3、iPad 等电子产品放入手机袋，不允许在上课过程中拨打或接听电话，听音乐，看无关视频。

（6）课堂上不允许睡觉，不允许交头接耳，大声吵闹。

（7）不允许携带食物和零食进入教室，禁止在教室里进食，以免影响教学秩序。

（8）下课：听到下课铃声响时，若老师还未宣布下课，应当继续安心听讲，不要忙着收拾书笔，或把桌椅弄的“乒乓”作响，这是对老师的不尊敬。下课时，全体同学仍需起立，与老师互道：“再见”，才可离开教室。

3．其他素养。

（1）在校园内与老师相遇时，应主动向老师行礼问好；进老师办公室时，应先敲门，得到允许后方可进入。

（2）同学之间有相互友爱，相互之间多用“谢谢”“不客气”“请”“麻烦你”等用语，禁止在教室或走廊内追逐打闹。

（3）上下楼道时靠右行走。

（4）在教室内不随地扔垃圾，吐痰。

（5）不在教室墙壁上随便涂鸦，破坏环境。

（6）离开教室后要切断各种用电设备电源，关好门窗。

（7）爱护公共财物，花草树木，节约用水用电。

（8）自觉将自行车存放在指定位置，不乱停乱放。

（9）不在教室区域抽烟。

（三）实训场地素养

（1）进入实训场所必须穿着职业工作服方可进入，禁止穿着背心、短裤和拖鞋进入实训场地，图 3.10 所示为汽车维修专业实习的工作装规范。

（2）实训课上课前后，班级集合，队伍需前后对齐，不能在队伍中交头接耳，争吵打闹，应按照学校要求向老师问好。

（3）实习时，按照课任教师的安排进入特定的工位开始实训操作、过程中不能随意走动。

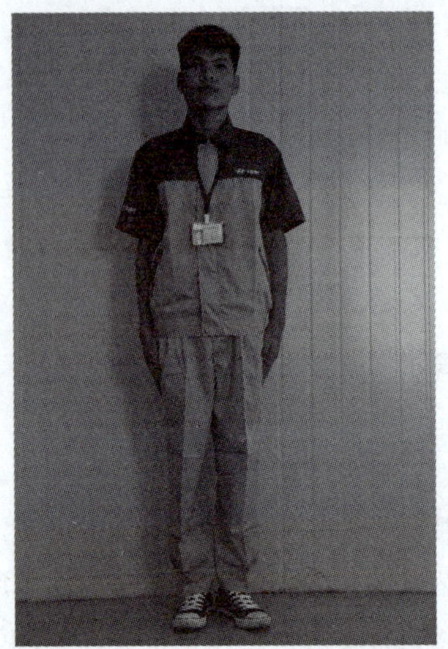

图 3.10　汽车维修专业实习工作装规范

图 3.11　上课前集合规范

图 3.12　学生进入规定的岗位实训

（4）实训实训工具设备要轻拿轻放，禁止故意破坏，用完后清洁放回原处。

（5）实训过程中按照老师要求规范操作。

（6）课本、笔记本等教学用具放置在规定的地方，禁止随意丢放。

（7）实训开始前主动打开门窗，结束后自觉关好门窗。

（8）遇到不理解，不明白的问题要主动向老师提出来，得到解答后方可开始操作。

（9）正确使用工具和仪器，禁止手拿工具在车间追逐打闹。

（10）实训结束后自觉清洁打扫实习实训工位，恢复到上课前。

（11）实训结束后应切断电源，关闭煤气，锁好门窗后方可离开。

总之开展 7S 管理，必须靠素养的提升，只有长期坚持，才能养成良好的习惯。

六、日常学习习惯 7S 之安全

安全（Safety）：增强人的安全意识，消除学习中的一切不安全因素，杜绝一切不安全现象。要求学生在学习中严格执行操作规程，严禁违章作业。保障学生的人身安全，保证生产连续安全正常地进行。目的是牢固树立“安全第一”思想意识，养成良好的规范操作运作习惯，减少因安全问题造成的各种损失。

责任人：班主任、课任教师、学生

（1）在学校组织的各种安全教育活动和班主任的安全教育中，学生要认真听讲，熟悉和掌握各种安全知识和技能。

（2）班级设立安全管理员，担任安全员时要及时向班主任汇报班级里存在的安全隐患情况。

（3）要积极配合在大型活动前、节假日、学生离校前、大扫除前学校开展的各种安全教育。

（4）不带刀具、用电器具等违禁物品进教室和实训场地。

（5）在教室和实训场地进行清扫时要先切断电源，气源。

（6）发现班级教室或实训场地公共设施、电器设备等完好情况，发现问题，及时上报班主任，如图 3.13 所示的情况。

（7）清除学习场所内不安全物品；学生不得在教室或实

训场地内私接电线、插座、使用大功率的电器等，不乱用火源，以免留下安全隐患。如图 3.14 所示的禁止行为。

图 3.13　电源插座处有水渗漏的现象

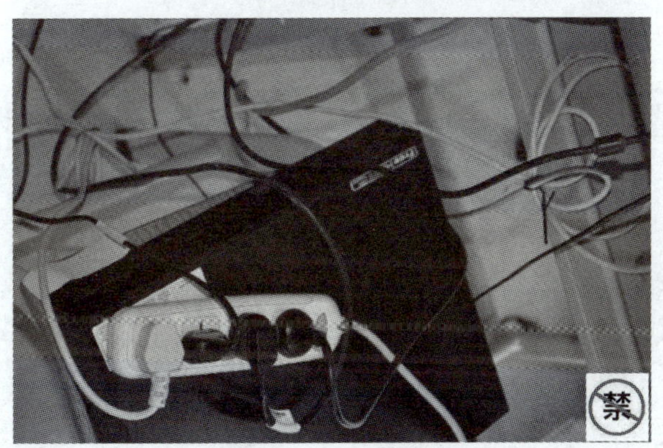

图 3.14　私自乱接电线

（8）禁止学生在学校场所内打闹，如图 3.15 所示。不得翻越门窗，不得坐在二楼以上的窗口或栏杆上，不得随意向窗外抛丢任何物件，不得沿楼梯扶手下滑。

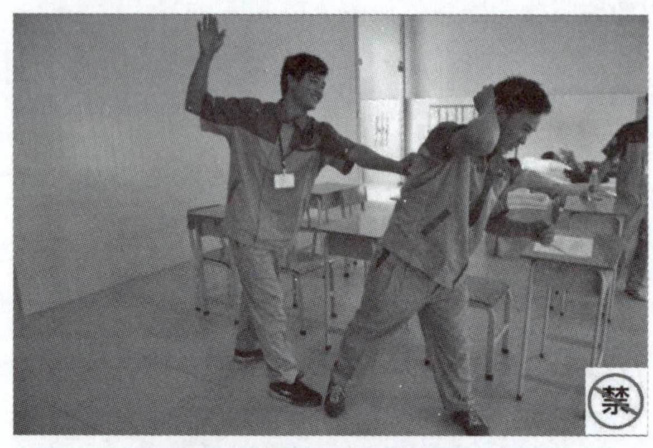

图 3.15 学生在学习场所内打闹

（9）养成随手关门、锁门的习惯，集体离开学习场所时，要关好门窗、锁好门，关闭电器如图 3.16 和图 3.17 所示。

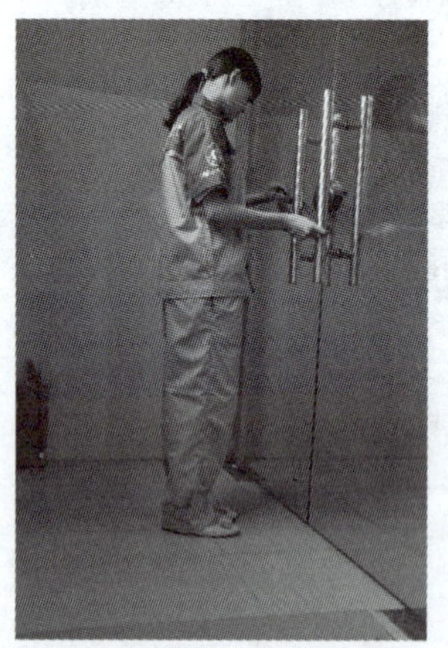

图 3.16 离开学习场所记得锁门

图 3.17 关好窗户

（10）不起哄、不攀爬、不带外校人员进教室，出入学习场所大门不要拥挤，要有秩序。图 3.18 所示为禁止行为。

图 3.18　相互拥挤出门

（11）在实训时，要学习设备的安全操作规范后方可实训，同时检查设备是否存在安全隐患，如有要排除后才能操作。

（12）进行有毒实训操作或特种作业设备操作时，要穿好安全防护服，安全帽等保护设施方能进行操作，如图 3.19 所示的叉车操作规范。

（13）设备、物品摆放合理有助于学生实习操作，建立起安全生产的环境，如图 3.20 所示。

图3.19　叉车操作安全规范

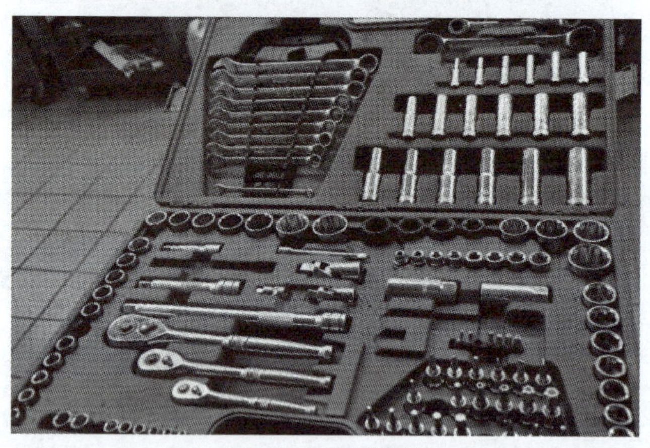
图3.20　工具的摆放

（14）操作前要清楚各项操作流程，规范操作，所有的工作应建立在安全的前提下。

（15）开始操作前要认真学习实训场地实习安全制度。

（16）定期检查消防器材到位并保证在有效期内可以使用。

（17）遇到安全事故，应第一时间报告课任教师和班主任。

（18）上下学习场地楼梯时，应注意安全，靠右行走，如图 3.21 所示。

图 3.21　安全上下楼梯

（19）实训结束后，应清点完实训设备和工量具，确认无误后方可离开。

（20）实训结束后，确认关闭电源、煤气后方可离开。

表 3.10 为大家整理了学习场所安全隐患和具体的处理方式。

表 3.10　　学习场所安全隐患和处理方式

7S 活动区域	安全隐患	处理方式
物	1. 课桌椅破损 2. 电源插座面板破损 3. 门窗、玻璃破损 4. 照明灯具损坏或晃眼 5. 风扇损坏 6. 电源私拉乱接 7. 实训设备损坏	及时维修或更换清除 及时维修或更换 及时维修或更换 及时维修或更换 及时维修或更换 杜绝 及时维修或更换
学生	1. 迟到、早退、旷课 2. 未佩戴校牌、遗失 3. 骂人，讲脏话、粗话 4. 抽烟 5. 教室里追逐打闹 6. 翻越窗户，坐上围栏 7. 损害公物	确定原因、补办假条 佩戴，补办 教育 教育 教育 教育 教育

七、日常学习习惯 7S 之节约

节约 Save：对时间、空间、能源等方面合理利用，以发挥它们的最大效能，同时追求低碳、环保。目的是减少浪费、减低成本和提高效率，从而创造一个高效率的，物尽其用的学习场所。学会统筹安排，科学利用时间、空间，养成节约教学器材和学习用品等的习惯。

责任人：课任教师、学生

（1）实施时应秉持三个观念：能用的东西尽可能利用；以自己就是主人的心态对待教室和实训场地内的设备设施；切勿随意丢弃甚至恶意损坏，要思考其使用价值。

（2）节约是对整理工作的补充和指导，学生要遵守勤俭节约的原则。

（3）保持窗帘的清洁，不乱拉伸窗帘，教学有需要时才使用窗帘。

（4）电器用后要及时关掉，离开前必须切断电源。

（5）煤气使用完后要及时关闭开关。

表3.11为大家整理了学习场所节约内容和记录。

表3.11　　学习场所节约内容和记录

7S活动区域	节约内容	检查记录
学习场所	1. 合理安排自己的学习和生活，珍惜时间，按时作息，上课认真听讲，不睡觉，做事讲究效率。 2. 节约用水。 3. 节约用电，对电风扇，照明用具做到“人走灯熄”。 4. 爱护公物，以主人翁的态度对待学校资源，不乱涂乱画，不破坏教室设施设备。 5. 能用的书、笔尽可能利用，不浪费。 6. 实训时做到不浪费实训材料。	对浪费作拍照记录，专栏公布，时刻提醒。

深刻领悟

从前，有两个饥饿的人得到了一位长者的恩赐：一根鱼竿和一篓鲜活硕大的鱼。其中一个人要了一篓鱼，另一个人要了一根鱼竿，于是他们分道扬镳了。得到鱼的人原地就用干柴搭起篝火煮起了鱼，他狼吞虎咽，还没有品出鲜鱼的肉香，就连鱼带汤吃了个精光，不久，他便饿死在空空的鱼篓旁。另一个人则提着鱼竿继续忍饥挨饿，一步步艰难地向海边走去，可当他已经看到不远处那片蔚蓝色的海洋时，他浑身的最后一点力气也使完了，也只能眼巴巴地带着无尽的遗憾撒手人间。

又有两个饥饿的人，他们同样得到了长者恩赐的一根鱼竿和一篓鱼。只是他们并没有各奔东西，而是商定共同去找寻大海，他俩每次只煮一条鱼，他们经过遥远的跋涉，来到了海边，从此，两人开始了捕鱼为生的日子，几年后，他们盖起了房子，有了各自的家庭、子女，有了自己建造的渔船，过上了幸福安康的生活。

一个人只顾眼前的利益，得到的终将是短暂的欢愉；一个人目标高远，但也要面对现实的生活。只有把理想和现实有机结合起来，才有可能成为一个成功之人。有时候，一个简单的道理，却足以给人意味深长的生命启示。

体验感悟

我的学习收获：

____

____

____

____

____

____

____

我的计划打算：

____

____

____

____

____

____

____

图书在版编目（CIP）数据

中职生7S职业素养管理手册 / 罗华，郑超文主编
. -- 北京 : 人民邮电出版社，2016.8（2018.9重印）
中等职业教育规划教材
ISBN 978-7-115-42895-0

Ⅰ. ①中… Ⅱ. ①罗… ②郑… Ⅲ. ①职业道德－中等专业学校－教材 Ⅳ. ①B822.9

中国版本图书馆CIP数据核字(2016)第144710号

◆ 主　　编　罗　华　郑超文
主　　审　钟修仁　谭劲涛
责任编辑　王　平
责任印制　焦志炜

◆ 人民邮电出版社出版发行　　北京市丰台区成寿寺路 11 号
邮编　100164　　电子邮件　315@ptpress.com.cn
网址　http://www.ptpress.com.cn
北京鑫丰华彩印有限公司印刷

◆ 开本：787×1092　1/32
印张：3.75　　2016 年 8 月第 1 版
字数：69 千字　　2018 年 9 月北京第 3 次印刷

定价：21.00 元

读者服务热线：(010)81055256　印装质量热线：(010)81055316
反盗版热线：(010)81055315